今すぐ現場で使える

コンテンツストラテジー

ビジネスを成功に導くWebコンテンツ制作
フレームワーク＋ツールキット

Authorized translation from the English language edition, entitled

THE CONTENT STRATEGY TOOLKIT:
METHODS, GUIDELINES, AND TEMPLATES FOR GETTING CONTENT RIGHT

1st Edition, ISBN: 0134105109 by Krishna, Golden,
published by Pearson Education, Inc.,
publishing as New Riders, Copyright ©2015

All rights reserved. No Part of this book may be reproduced or transmitted in any form or by any means, electronic or mechanical, including photocopying, recording or by any information storage retrieval system, without permission from Pearson Education, Inc.

Japanese language edition published by BNN Inc., Copyright © 2016

Japanese translation published by arrangement with Pearson Educaion, Inc., through The English Agency (Japan) Ltd., Tokyo Japan

THE CONTENT STRATEGY TOOLKIT:
METHODS, GUIDELINES, AND TEMPLATES FOR GETTING CONTENT RIGHT

by Meghan Casey

Meghan Casey
ミーガン・ケイシー

Webコンテンツ業界の先進企業BrainTraffic社のコンテンツストラテジストの1人。スタートアップ企業、非営利組織、大学、「フォーチュン50」企業など、ありとあらゆるクライアントに対して、多くの組織が日々直面する「乱雑なコンテンツ」という問題を解決してきた。ミネアポリスのソフトウェア開発会社Nerdery社との仕事では、コンテンツストラテジーをユーザー・エクスペリエンスの現場に組み込む手助けもした。

コンテンツストラテジーをテーマに、トレーナーや講演者としても定期的に活動しており、とあるワークショップでは、会場で自然とウェーブが巻き起こったこともあるほどの人気だ。コンコーディア大学でライティングの学士号を取得後、1996年からコンテンツとコミュニケーションの分野で活躍。ハムライン大学で非営利組織運営の修士号も取得している。

Praise

コンテンツオーディットで、何を監査したらいいのか頭を抱えた経験はありませんか？ コンテンツストラテジーを上司に売り込む方法がわからなくて困ったことは？ これは、そんなあなたのための本です。、タスク、図表、サンプル満載の本書は、何度も何度も読み返すべき至高の実践ガイドです。最高なのは、ただのツール解説書ではないこと。ミーガン・ケイシーは、どのツールがいつ必要かをきちんと教えてくれるのです。

——
サラ・ワクター・ボーチャー
コンテンツストラテジー・コンサルタント
『Content Everywhere』著者

これは、顧客体験を真に重視する人間の必読書です。どんな組織も、コンテンツそのものや、ユーザーが終わらせるべきタスクの手綱をしっかり握ることなくして、「ユーザー中心のサイト」とは言えません。本書から得られる実践的なアドバイスは、必ずやあなたのサイトの確かな土台となるでしょう。

——
ジェーン・キーアンズ
プリンシパル・フィナンシャル・グループ
企業マーケティング部
デジタル・ストラテジー課副課長

質の高いコンテンツは価値を高める。粗悪なコンテンツは価値を破壊する。シンプルな話です。本書は具体的かつ実践的で、すぐに使えるアイデアが盛り込まれているので、コンテンツの質の改善に役立ちます。

——
ジェリー・マクガヴァン
カスタマー・ケアワーズ社CEO

コンテンツストラテジーを立ててから、最高の意義あるコンテンツを作るまでの道のりは、謎めいた恐ろしいもののように思えます。本書は、そんな私たち待望のロードマップです。彼女の実践的で応用しやすい手法は、必ずや、この業界にすばらしいコンテンツを増やしてくれるはずです。この本は、道のりのあらゆる部分をコンパクトに解説しています。戦略立案もその1つですが、戦略を実行に移すには繊細な手腕が必要です。このツールキットに、あなたは長きにわたってお世話になるでしょう。「組織変化にはたいていコンテンツストラテジーが必要」という事実は見過ごされがちですが、本書には、煩雑な現場の実務が楽しく、整理された形で網羅されています。コンテンツストラテジーを実際の現場で成功させたいなら、今すぐこの本を買うべきです。

——
エリカ・ホール
『Just Enough Research』著者
ミュール・デザイン社共同創業者

本書は、ステークホルダーの足並みを揃え、コンテンツを管理するには最高のリソースです。業界のベテランにとっても、新人にとっても、ミーガンの経験は、複雑で困難なプロジェクトに挑む際の道しるべになってくれるでしょう。ビジネス目標、よし！ユーザーのニーズ、よし！仕事がうまくいったときの満足の笑み、よし！

――

アンドリュー・クロウ
ウーバー社デザイン部長

あなたはきっと感謝することになります。ミーガンの理路整然としたアプローチを参考にすれば、コンテンツストラテジーを実践できるようになるのですから。本書で紹介されるテクニックやポイントを活用することで、コンテンツだけでなく、あなたのキャリアも前へ進むはずです。

――

コリーン・ジョーンズ
コンテンツ・サイエンス社 CEO
『Clout: The Art + Science of Influential Web Content』著者

実践的でタイムリー、さらには現実的。この3つこそ、コンテンツストラテジーの特徴を表した言葉であり、同時に本書の各章で紹介する内容を表した言葉です。私たちは長い間、砂上の楼閣と言えるようなプロジェクトに悩まされてきました。コンテンツストラテジーは、そうした夢物語に土台を与え、効率的で持続的なコミュニケーションを実現してくれます。この本を頼りに、ツールやテクニック、ポイントを学び、それをあらゆるプロジェクトに応用しましょう。

――

マーゴット・ブルームステイン
『Content Strategy at Work: Real-world Stories to Strengthen Every Interactive Project』著者
アプロプリエイトInc社長

本書は、オンライン・コンテンツの作成、管理に携わるすべての人間の必携書です。彼女は明確な方向性を示し、効果測定の手法を紹介し、そしてそれらがなぜ重要かを解説します。ビジネスや予算という視点からコンテンツストラテジーを語るためのポイントも紹介されています。読みやすく使いやすい本書は、必ずや、あらゆるコンテンツストラテジストの書棚の一隅を占めるものとなるでしょう。

――

クリントン・フォリー
ウェーバー・シャンドウィック社
コンテンツ・ストラテジー部副部長

Contents

Part 1
プロジェクトの予算と承認を得る

Get budget and buy-in

Chapter 01
問題とチャンスを明らかにする

Chapter 02
リソースを確保する

Part 2
プロジェクトを設計する

Set up for Success

Chapter 03
ステークホルダーを巻き込む

Chapter 04
目標を設定しチームを団結させる

Chapter 05
プロジェクトを取り仕切る

Part 3
戦略のための
リサーチ
を行う

Dig in and get the dirt

Chapter 06
ビジネス環境を
理解する

Chapter 07
オーディエンスと
ユーザーを理解する

Chapter 08
コンテンツを
理解する

Chapter 09
ピープル・プラン・
プロセスを見直す

Chapter 10
集まった情報を
まとめる

Part 4
戦略を
練る

Articulate your strategy

Chapter 11
コンテンツ・
コンパスを作る

Chapter 12
成功を測る
指標を決める

Chapter 13
コンテンツを
デザインする

Part 5
戦略を
実行する

Put your strategy into action

Chapter 14
戦略に沿った
コンテンツを作る

Chapter 15
コンテンツの
メンテナンスと
次の計画を立てる

| 日本語版特別寄稿 | 016 |
| 本書に寄せて | 020 |

コンテンツストラテジーとは	022
コンテンツストラテジーの4要素	024
本書の使い方	026
ツールのダウンロード方法	027

Part 1 | プロジェクトの予算と承認を得る

Chapter 1 | 問題とチャンスを明らかにする … 031

コンテンツの問題点を明らかにする	032
問題点の仮説を立てる	032
仮説の検証方法を選ぶ	033
TOOL 01.1 コンテンツオーディットシート	034
TOOL 01.2 超シンプルなユーザーテスト・シート	035
検証の準備をする	036
ピープルとプロセスを忘れるべからず	038
「問題」を「チャンス」に転換する	039
準備はOK？ では次へ！	040

Chapter 2 | リソースを確保する … 041

ビジネス視点で捉える	042
逃がしているチャンスを定量化する	042
リスクを見積もる	044
費用以外のコストを考える	045

意見を組み立てる ……………………………………………………………………………… 045
　　　TOOL 02.1 プロジェクト承認申請のためのプレゼン資料 ………………… 049
いよいよプロジェクトの始動です！ ……………………………………………………… 049

Part 2 │ プロジェクトを設計する

Chapter 3 │ ステークホルダーを巻き込む ……………………………………… 053

ステークホルダーの役割とタイプ ………………………………………………………… 054
　　役割 ……………………………………………………………………………………… 054
　　タイプ …………………………………………………………………………………… 055
ステークホルダーを明らかにする ………………………………………………………… 056
　　リストアップと分類 …………………………………………………………………… 056
　　TOOL 03.1 ステークホルダー・リスト …………………………………………… 057
　　アプローチ方法 ………………………………………………………………………… 057
ステークホルダーと連携する ……………………………………………………………… 060
　　TOOL 03.2 情報伝達プラン ………………………………………………………… 061
乗船完了！ ………………………………………………………………………………… 061

Chapter 4 │ 目標を設定しチームを団結させる ………………………………… 063

キックオフ・セッションを準備する ……………………………………………………… 064
　　人選 ……………………………………………………………………………………… 064
　　進行 ……………………………………………………………………………………… 065
　　TOOL 04.1 目標共有セッションの進行表 ……………………………………… 067
　　動機付け ………………………………………………………………………………… 067
　　TOOL 04.2 キックオフ・ミーティング招待メール …………………………… 068
キックオフ・セッションを開く …………………………………………………………… 069

集団での合意形成とは ……………………………………………………………… 070
　　　セッションの基本ルール …………………………………………………………… 070
　　　議事進行のテクニック ……………………………………………………………… 071
　　　「同意が得られる」の意味とは …………………………………………………… 072
　足並みが揃ったら次へ！ ………………………………………………………………… 072

Chapter 5 | プロジェクトを取り仕切る …………………………………………… 073

プロジェクトの準備をする ………………………………………………………………… 074
　プロジェクトのセットアップ …………………………………………………………… 074
　　TOOL 05.1　プロジェクト準備のチェックリスト …………………………………… 074
　共通認識の確立 …………………………………………………………………………… 076
　　TOOL 05.2　プロジェクト・マネジメント・プラン ………………………………… 076
プロジェクトの計画を立てる ……………………………………………………………… 081
　タイムライン（日程表）………………………………………………………………… 081
　　TOOL 05.3　詳細日程表 ………………………………………………………………… 083
　予算 ………………………………………………………………………………………… 083
プロジェクトを実行する …………………………………………………………………… 084
　進捗レポート ……………………………………………………………………………… 084
　報告ミーティングとワーキングセッション …………………………………………… 086
プロジェクトは動き始めた！ ……………………………………………………………… 087

Part 3 | 戦略のためのリサーチを行う

Chapter 6 | ビジネス環境を理解する …………………………………………… 091

何を調査すべきかを明らかにする ………………………………………………………… 092
　　TOOL 06.1　ビジネスモデル・キャンバス …………………………………………… 092

- 内部要因 — 093
- 外部要因 — 096
- 調査ツールを手に入れる — 098
  - ステークホルダーにインタビューする — 098
  - インタビューのプランを立てる — 098
  - TOOL 06.2 インタビューガイド — 099
  - インタビューの構成を考える — 099
  - インタビューを実施する — 101
  - 過去の資料に当たる — 102
  - TOOL 06.3 インサイト記録シート — 104
- ビジネス環境の把握は完了です！ — 104

Chapter 7 | オーディエンスとユーザーを理解する — 105

- 知りたい内容を明らかにする — 106
  - 市場調査 — 106
  - ユーザー調査 — 107
  - 想定とギャップ — 109
  - TOOL 07.1 ユーザー理解表 — 110
- ユーザー調査の手法を決める — 110
  - クライアントの要求を見定める — 111
  - 調査手法をクライアントに提案する — 112
  - ユーザー調査を実施する — 113
  - TOOL 07.2 ユーザー調査ワークショップ — 115
- こんにちは、ユーザーのみなさん — 117

Chapter 8 | コンテンツを理解する — 119

- コンテンツの全体像を把握する — 120
  - コンテンツ一覧表を作る — 120
  - コンテンツの詳細をまとめる — 122
  - TOOL 08.1 コンテンツ概観表 — 123
  - コンテンツの関係性を視覚化する — 124
- コンテンツのスナップショットを撮る — 126

- コンテンツインベストリ …… 128
- コンテンツオーディット …… 130
- コンテンツマップ …… 131
- ユーザーテスト …… 133
  - **TOOL 08.2** ユーザーテスト・サンプル …… 134

Chapter 9 │ ピープル・プラン・プロセスを見直す …… 135

- ピープル（人材）の問題 …… 136
  - 問題の種類 …… 137
  - 問題の見つけ方とまとめ方 …… 139
  - **TOOL 09.1** 作業時間割当調査シート …… 140
- プランとプロセスの問題 …… 140
  - 問題の種類 …… 141
  - 問題の見つけ方とまとめ方 …… 142
  - **TOOL 09.2** プラン＆プロセス・ワークショップ …… 143
- チェックが終わりました！ …… 146

Chapter 10 │ 集まった情報をまとめる …… 147

- サマリー作成の準備をする …… 148
  - チャンスと課題の明確化 …… 149
  - 分析と統合 …… 154
  - **TOOL 10.1** 戦略目標サマリー作成シート …… 154
- いよいよ戦略フェーズへ …… 156
- 発見フェーズはこれにて終了！ …… 157

Part 4 | 戦略を練る

Chapter 11 | コンテンツ・コンパスを作る ... 161

- プロジェクトのタイプを把握する ... 162
- コア戦略ステートメントを作る ... 164
    - コア戦略ステートメントのフォーマット ... 164
    - コア戦略ステートメントの作り方 ... 167
    - **TOOL 11.1** コア戦略ステートメント作成シート ... 168
- メッセージ・フレームワークをつくる ... 169
    - メッセージ・フレームワークのフォーマット ... 170
    - メッセージ・フレームワークの作り方 ... 171
    - **TOOL 11.2** メッセージ・フレームワーク作成シート ... 172
- 道は見えた！ ... 172

Chapter 12 | 成功を測る指標を決める ... 173

- 何を測定するかを決める ... 174
    - 用語の意味をはっきりさせる ... 174
    - メトリクスを選ぶ ... 175
    - **TOOL 12.1** データセット・プレゼンテーション ... 176
    - **TOOL 12.2** ヒューリスティック・フレームワークシート ... 177
    - 収集した情報をまとめる ... 181
- コンテンツの効果を測定する ... 182
    - コンテンツの状態を記録する ... 182
    - 結果をステークホルダーへ報告する ... 183
    - **TOOL 12.3** コンテンツ成績報告書サンプル ... 183

Chapter 13 | コンテンツをデザインする ... 185

「コンテンツ・デザイン」とは何か ... 186
 プライオリタイゼーション ... 187
  TOOL 13.1 コンテンツの優先順位付けワークシート ... 190
オーガナイゼーション ... 191
 サイトマップ ... 191
 タクソノミー ... 193
プレゼンテーション ... 195
 コア・モデル ... 196
  TOOL 13.2 コア・モデル・ワークショップシート ... 198
 コンテンツモデル ... 202
  TOOL 13.3 コンテンツモデル・シート ... 205
スペシフィケーション ... 206
 エリア定義表 ... 206
 ページ構成要素表 ... 208
  TOOL 13.4 エリア定義表＆ページ構成要素表 ... 207
コンテンツに最高のプランを ... 209

Part 5 | 戦略を実行する

Chapter 14 | 戦略に沿ったコンテンツを作る ... 213

役割と担当、プロセス ... 214
 担当者とその役割 ... 214
  TOOL 14.1 役割と担当者リスト ... 215
 プロセス ... 217
コンテンツ制作のツール ... 220
 コンテンツ制作インベストリ ... 220

スタイルガイド ··· 221
　　　TOOL 14.2 カードソーティング・エクササイズ ·················· 222
　　　フィードバック記入用紙とチェックリスト ························ 224
あとは書くだけ！ ·· 226

Chapter 15 | コンテンツのメンテナンスと次の計画を立てる ······· 227

コンテンツのライフサイクル ·· 228
　　決定権の設定 ··· 229
　　　TOOL 15.1 コンテンツストラテジーのスキル一覧 ··············· 231
　　戦略責任者の役割 ·· 231
　　実行責任者の役割 ·· 232
コンテンツをメンテナンスする ·· 233
　　想定内のメンテナンス ··· 233
　　想定外のメンテナンス ··· 234
新コンテンツの計画を立てる ·· 236
　　コンテンツの計画 ·· 236
　　編集の計画 ··· 239
　　　TOOL 15.2 編集予定表テンプレート ································ 241
お別れのときです ·· 241

INDEX 索引 ··· 242

日本語版特別寄稿

コンセント 代表取締役
インフォメーションアーキテクト

長谷川敦士 , Ph.D.

本書は、2015年にBrain Traffic社のミーガン・キャシーによって執筆された「The Content Strategy Toolkit - Methods, Guidelines, and Templates for Getting Content Right」の翻訳書である。

ここ数年で、グローバルにはよく聞かれるようになってきた「コンテンツストラテジー」[Content Strategy]という言葉であるが、日本ではまだなじみが薄いといえるだろう。

本稿では、1) コンテンツストラテジーとは何であり、どういった意味を持ちうるものなのか、2) その文脈の中での本書の立ち位置とその特徴について解説しよう。

コンテンツストラテジーとは何か

コンテンツストラテジー（コンテンツ戦略）とは、英語圏では「Content Strategy」と記載される事業分野の名称で、職業としての「コンテンツストラテジスト」[Content Strategist]も存在する。簡単に言えば、コンテンツ（内容）をいかに有意義なものにするかを起点としてWebサイトを構築していく考え方だ。

コンテンツストラテジーという言葉は、2010年頃から活発に用いられるようになってきた。もっとも、Razorfishなどのインタラクティブエージェンシーと呼ばれる業界のなかでは、2000年代中頃からすでにコンテンツストラテジストという職種は存在していたので、その歴史は長いといえる。その後、コンテンツストラテジーは、UXデザイン、そして情報アーキテクチャの分野で再浮

上してきた。その背景には、2010年代に突入し、Webで用いられるコンテンツが、それまでの他媒体からの転用や再利用から、Webのためのオリジナルなものへと変化してきたということがあげられる。

これまで、Webサイトデザインといえば、サイトの構造やナビゲーション（誘導）、そしてカテゴリやボタンのラベル設計といったことが主業務であり、そのコンテンツ（内容）に直接触れることは少なかった。コンテンツストラテジストの第一人者である元Razorfish NYのリードIA、現Bond Art & Science代表のKaren McGraneの言葉を借りれば、インタラクションデザイン、情報アーキテクチャといった分野は、コンテンツという贈り物を届けるための"箱"や"リボン"ばかりに手をかけていて、肝心の"中身"には触れてこなかったのだ。

こうした問題意識を受けて、「サイトの内容に着目し、それらをいかに効果的で最適なものにしていくか」というプロセスとアプローチに着目したのが「コンテンツストラテジー」[Content Strategy]という分野だ。それは端的に言ってしまえば、コンテンツの改善アプローチということだが、それだけにとどまらない重要性が潜んでいる。

Webコンテンツはたいていバージョン管理システムにとどまらず、サイト内でのアセット（資産）管理ツールや、複数メディアに対しての出版プラットフォームツールとして機能する可能性がある。たとえば、2012年のIA Summit [Information Architectu re Summit]（情報アーキテクチャに関しての専門家が集うカンファレンス）では、米国の公共放送NPR [National Public Radio] が「COPE: Create Once, Publish Everywhere」と呼ばれるコンテンツストラテジーの事例を紹介していた。NPRはひとつの元情報から、自組織のWebサイト（PC／モバイル）に加えて、ローカル局サイトや番組ウィジェットなど、ネット上の複数のメディアにコンテンツを展開しているのだ。こうした取り組みには、運用のためのワークフローと配信システムの開発も必要となる。こうした横断的なプロジェクトにおける方針として、コンテンツストラテジーが機能するようになっていくのである。

ちなみに、「コンテンツストラテジー」は、組織がどのようなコンテンツで攻めていったらよいのかを考える分野、ともとれるし、戦略的にコンテンツを開発していくためのアプローチ、という意味にもとることができる。このあたりは「UXストラテジー」といった言葉などでも起こっている混乱であるが、言葉の正しい定義を追い求めていてもそもそも正解がないものであるので、現在進行形で起こっている問題意識につけられた名称くらいに理解しておくのがいちばん生産的であろう。

また、日本をはじめとして世界中では、似た用語として「コンテンツマーケティング」という言葉も普及している。コンテンツマーケティングにもさまざまな定義があるが、ここで言うマーケティングには「集客」の意味が込められているといえるだろう。コンテンツストラテジーは必ずしも集客だけを目的としたものではなく、その意味では、コンテンツストラテジーのほうがより広い概念とも言えるし、コンテンツマーケティングのほうが

より即効性のある分野、と捉えることもできるだろう。いずれにせよ、コンテンツストラテジーの分野は、コンテンツマーケティングとは区別されて用いられている。

本書の特徴と役立て方

さて、本書はこういったコンテンツストラテジー業界の熱気の中発刊された、コンテンツストラテジー実践のための指南書である。本書の著者であるMeghan Casey氏が所属するBrain Traffic社はコンテンツストラテジーについて業界を牽引している組織であり、そのCEOをつとめるKristina Halvorson氏は、最近第2版が発刊されたコンテンツストラテジーの定番書「Content Strategy for the Web」の著者でもある。本書はそんなBrain Traffic社のコンテンツストラテジー・プロセスを基に、コンテンツを中心としたWebサイトリニューアルプロジェクトの全体像と具体的な活動を紹介した書籍となる。

本書の特徴の1つとして、いかにコンテンツを改善するかの理論やメソッドだけではなく、そのプロジェクト遂行のために必要な「関係者の巻き込み」を重視している点が挙げられよう。本文内で述べられているが、Brain Traffic社ではもともとコンテンツストラテジーにおいて、意思決定と運用の両面で人的リソースを重視している。その意味で本書でいかに人を巻き込むかについてこだわっているのは必然ともいえるが、そこを差し引いたとしても、ステークホルダーの洗い出し方から、役割の確認と定義付け、果てにはワークショップ招待のメール雛形までもが例示されており、実に丁寧に解説されている。実際、コンテンツが関わるプロジェクトでは、多くのステークホルダーが自分たちに関わるコンテンツに対して愛着を持っており、それらの人々をうまく巻き込むことがプロジェクト進行の"キモ"となる。こうしたところに具体的に取り組んでいるのは本書のユニークな点だといえる。

また、本書ではほぼすべての章で、やるべきタスクやテンプレートシートなどのツールが具体的に紹介されており、シート類はダウンロード可能となっている。もちろん、シート類はその役割や文脈を正しく理解しないと活用することはできないが、実際に業務に活用しようとするときに、具体的なシートがあれば理解も進み、役立てやすいだろう。また、関係者やクライアントなどを巻き込む際にも、ツールを例示することによって話が早くなるだろう。

以上のような特徴によって、本書は効果的にコンテンツを改善したいと考えている担当者、あるいはエージェンシー（パートナー）にとって、最適なガイドブックとなるであろう。本書のプロセス、テンプレートをすべて追わなくとも、枠組みを参考にしながら、必要なパーツだけをこれまでのアプローチに取り入れることで、効果的に自社のプロセスを改善できるであろう。こういった使い方が本書のベストな活かし方であるといえる。

また、丁寧にプロセスを追った本書は、副次的な効果としてWebプロジェクト入門者にとっての最適なプロジェクト解説書となっている。プロジェクトの立ち上げ方、ステークホルダーやビジネス指標の明示化、揃った材料から方針をまとめていく流れなどは、従来「要件定義」や「コンセプ

ト策定」、あるいは「戦略策定」という言い方で明文化されにくかった部分である。こういった部分が具体的に、どういった手順で進めればよいのか示されており、経験するまでなかなかイメージがわきづらい大規模プロジェクトなどでのタスクを理解することに役立てられよう。

もちろん、Webサイト構築プロジェクトの情報アーキテクチャ設計にも役立てられる。本書では、UIについては詳しく触れられていないが、逆にコンテンツモデルやコンテンツ単位に要件を整理するための「コアモデル」などについて詳しく解説されている。これらは、クロスチャネル時代のWebコンテンツの設計において、どういった観点を用いればよいかについて、具体的なプロジェクトに役立てられる。

本書の観点を活用して、効果的にコンテンツを「正しく」改善し、よりWeb生態系が豊かで有意義なものになることを期待したい。

長谷川敦士, Ph.D.

株式会社コンセント代表取締役
インフォメーションアーキテクト
Service Design Network

東北大学理学部物理学第二科卒業。東北大学大学院理学研究科物理学専攻博士前期課程修了（理学修士：素粒子物理学）。東京大学大学院総合文化研究科広域科学専攻博士課程修了（学術博士：認知科学）。情報アーキテクチャ設計を専門分野としながら、サービスデザイン、ユーザー体験デザインを実践。著書に『IA100 ユーザーエクスペリエンスデザインのための情報アーキテクチャ設計』、監訳書として『THIS IS SERVICE DESIGN THINKING. Basics - Tools - Cases 領域横断的アプローチによるビジネスモデルの設計』、『今日からはじめる情報設計—センスメイキングするための7ステップ—』（いずれもBNN新社刊）などがある。
武蔵野美術大学、多摩美術大学、産業技術大学院大学非常勤講師。Service Design Network（SDN）National Chapter Boardおよび日本支部共同代表。NPO法人人間中心設計推進機構（HCD-Net）理事。情報アーキテクチャアソシエーションジャパン（IAAJ）主宰。

本書に寄せて

2013年2月、ジョナソン・コールマンという無名のコンテンツストラテジスト（今ではFacebook界隈で名の通った作家にして講演家、コンテンツストラテジストです）が、「コンテンツストラテジーの過去のリソース一覧」と題したブログ記事を投稿しました。その記事について、ジョナソンはこう書いています。

「私はこれまで、コンテンツストラテジーの良質なリソースを200件以上も集めてきました。……私の目標は、読者のみなさんがコンテンツストラテジーを学びやすくなること、コンテンツストラテジストやそれに関するブログ記事を見つけやすくすること、そしてできれば、このコンテンツストラテジー業界に貢献するようになってくれることです」

ジョナソンの投稿は、ベテランか新米かを問わず、あらゆるコンテンツストラテジストにとっての分水嶺となりました。この記事は、コンテンツストラテジーが世界のコンテンツの「改善」に使える「実態あるもの」だというまたとない証拠でした。コンテンツストラテジーのアイデアや方法論、ツールなどを、かつてない形で集積したリソース集だったのです。

私にとっては、2013年にこうしたリソースが数百もあるという事実自体が喜ばしいことでした。私がはじめて「コンテンツストラテジー」でグーグル検索をした2008年には、ヒット件数は9000件に届かず、しかもそのうちの99％が私の探しているコンテンツストラテジーとは全く関係ないものでした。ところがそれから5年後には、この分野の最高の頭脳たち、すなわちコンテンツ

というものの概念を、単なる"モノ"から戦略的に検討する価値のある"組織の資産"へ変えるべく日夜奮闘してきた人たちの、努力の成果を丹念に集めたリソース集ができあがっていたのです。見事でした。胸が躍りました。感無量でした。

たしかにそれは圧倒的な量ですが、それは図書館に圧倒されるのと同じことです。学ぶべきものがこんなにたくさんあるなんて！となりますよね。そこで次に業界が必要としたのが、機能的なハンドブックです。机に置いて、必要なときにさっと手に取れるような書籍。コンテンツストラテジーを学び始めたばかりの人も、よく知っている人も、コンテンツ改善に熱意を持つすべての人々が参考にし、勇気をもらえるひたすら実用的なツール集、実例集を私たちは必要としていたのです。

それが2013年のこと。以来、コンテンツストラテジーのアイデアや方法論、ツールはそれまで以上のスピードで洗練されていきました。現在、グーグル検索をすればなんと、400万件以上がヒットします。これは企業が、コンテンツは一筋縄ではいかないものだと認めた確かな証拠と言えるでしょう。あるいは、直近に施策したサイトのリデザイン／CMS移行／コンテンツ・マーケティング・キャンペーンが、事態を悪化させるだけの結果に終わったのかもしれません。彼らは今、状況を好転できる人間、コンテンツに関する一段上のレベルの専門経験を使い、戦略的に計画立案プロセスを進められる人間を必要としています。

さあそこで、あなたの出番となるわけです。

あなたが本書を手に取っているとしたら、それはあなたが今、現時点でのコンテンツストラテジーのツール集決定版の誉れ高き所有者になったということです。本書の中で、ミーガンは自身のお気に入りツールを披露するだけでなく、レイチェル・ラビンガー、サラ・ワクター・ボーチャー、マーゴット・ブルームステイン、ケイシー・ワグナーといった業界第一人者の作ったツールも紹介しています。あなたがコンテンツストラテジストでなくとも、マーケティングやデジタルデザイン、コミュニケーション、ソーシャルメディア、SEO、CMS、組織変革など、コンテンツストラテジーの恩恵を受けるものに携わっているのなら、本書によってこの分野に関する造詣が深まり、自信が増し、仕事の能率が上がることでしょう。

私たちの業界は、ミーガンが本書を書き上げてくれたことに対して、たくさんたくさん感謝しなくてはなりません。読むだけではなく、線を引いたり付箋を貼ったり、2冊目、3冊目を同僚に配ってください。これは、私たちが待ち望んでいたコンテンツストラテジーのリソースです。このような本が出たことをありがたく思います。

クリスティーナ・ハルヴァーソン
BrainTraffic社CEO
『Content Strategy for the Web』共著者

コンテンツストラテジーとは

こんにちは。本書を手に取ってくれてありがとうございます。私がこの本を書いたのは、私自身が常日頃から「クライアントのコンテンツの問題を解決するのに役立つツールや見識で溢れた本があればいいのに」と思っていたからです。この本には、そうした素材が詰め込まれていますが、使いこなすのは簡単じゃありません。

ここではまず、私がコンテンツストラテジーというものをどう捉えているか、基準を設定しておくべきでしょう。私の考え方は、他の人のすばらしい意見をたくさん参考にしています。例を挙げましょう。

「コンテンツストラテジーとは、
便利で使いやすいコンテンツの制作・公開・管理の計画を練ることである」
　　——クリスティーナ・ハルヴァーソン
　　BrainTraffic社CEO、『Content Strategy for the Web』共著者

「コンテンツストラテジーとは、言葉とデータを使って明確なコンテンツを作り、
それを使って有意義で双方向的な体験を提供することである」
　　——レイチェル・ラビンガー
　　Tazorfish社エクスペリエンス・ディレクター兼コンテンツストラテジスト

「コンテンツストラテジーは、コンテンツのライフサイクル管理の"計画"面を扱う。コンテンツのビジネス目標への合致や分析、モデル作成、コンテンツの開発・制作・提示・評価・測定・管理を含めたライフサイクルの終盤段階の差配などがそれに当たる。コンテンツストラテジーは"実行"面に属するものではない。実際のコンテンツの開発・管理・提供は、効果的に実行された戦略に基づく、戦術的な結果である」
　　——レイル・アン・ベイリー
　　Intentional Design社社長、
　　『Content Strategy: Connecting the Dots Between Business, Brand, and Benefits』共著者

そして次が、私の定義です。

**コンテンツ・ストラテジーとは、
組織が
適切なコンテンツを
適切なターゲット・オーディエンスに、
適切なタイミングで、
適切な理由で、
提供できるようになるためのものである。**

この中で、「適切な理由」の部分がいちばん大切です。理由、つまり「目的」がはっきりしていなければ、ユーザーのニーズを満たしたり、ビジネス目標に到達するのはまず不可能ですよね。コンテンツストラテジーとは、コンテンツの目的を定め、それを頼りにコンテンツの制作・公開・維持管理の計画を練るためのガイドなのです。

コンテンツストラテジーの4要素

BrainTraffic社がコンテンツストラテジーの概念を示すのに下図のようなマトリクスがあります。このフレームワークはとても合理的です。上質なコンテンツ体験を意図的に作り出すために必要なものがすべてが結びついています。中央の円の中にあるのは「コア・コンテンツストラテジー」つまりコンテンツの「目的」です。その周囲にある4要素については、箇条書きで説明しましょう。

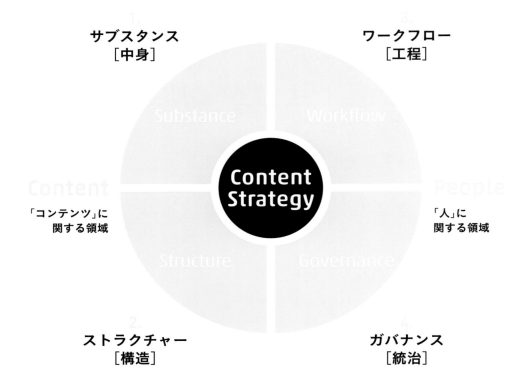

1. サブスタンス［中身］

制作すべきコンテンツ、ユーザーへの語り口調、
そしてそのコンテンツがユーザーにとって重要である／関係がある理由

2. ストラクチャー［構造］

ユーザーが必要なコンテンツを発見／利用しやすいコンテンツの整理の仕方、提示の仕方

3. ワークフロー［工程］

アイデアの創出から公開、定期的なメンテナンスに至るまで、組織内でのコンテンツの流れ

4. ガバナンス［統治］

コンテンツが戦略からずれないようにするための、意思決定の方法

この4要素は、本書の各所で登場します。この図が理解の助けになれば幸いです。

また、本書を使う際に、気をつけてほしいことがあります。それは、この本が「マニュアル」ではないということです。この本のとおりにすれば、どんなプロジェクトにも対応できるコンテンツストラテジーが作れるわけではありません。コンテンツストラテジーとは、そういうものではないのです。それは、どんなプロジェクトやプロセスでも同じですよね？　一般的な方法論は安全なように思えますが、実際には危険です。必要なのは柔軟性やフットワークの軽さを持ち、たくさんのツールを活用して仕事をうまく進めること。この本で紹介するツールの中には、あなたの状況に合ったものもあれば、そうでないものもあるでしょう。合っているツールも、具体的な状況に合わせて調整したり、あなた自身の経験を基に進化させなければ、思うような効果は発揮してくれません。ぜひそのように活用してください。

INTRODUCTION

本書の使い方

コンテンツストラテジーに馴染みがない、あるいはこれがはじめてのコンテンツストラテジー・プロジェクトだという人には、本書を最初から順に読んでいくことをお勧めします。あなたのプロジェクトの手引きとなるはずです。ただし先ほども言いましたが、同じプロジェクトは1つとしてありませんし、ツールは必要に応じてカスタマイズする必要があります。

コンテンツストラテジー・プロジェクトの経験がある人は、本書を辞書のように使うとよいでしょう。プロジェクトで行き詰まったときや、ツールの使い方を確認したいときなどに参照してください。

Content Strategy TOOL 01.1　コンテンツオーディットシート
⬇ Tool_1.1_Audit_Spreadsheet.xlsx

各章には、1〜4個のツールが紹介されています。ツール使い方とポイントも併せて掲載しているので参考にしながら使用してください。

　その章の目的を達成するためのワンポイント情報を紹介します。また、参考書籍やURLなど、内容と関連するリソースも紹介しています。

　Web制作やコンテンツストラテジー分野においてよく使われる用語を「キーワード」として解説しています。

■ 現在、コンテンツの大半は〈オーディエンスa〉向けに
　ージョンを増やしたいのは〈オーディエンスb〉なのでl

〈　〉で括られたワードは、読者がそれぞれの状況に合わせて当てはまる言葉を入れる部分です。

ツールのダウンロード方法と使い方

本書で紹介するツールは下記URLからダウンロードすることができます。

http://www.bnn.co.jp/dl/content-strategy/

ダウンロードデータはzip形式の圧縮ファイルです。お使いのPCにダウンロード後、ファイルをダブルクリックまたは解凍ソフトを使用して解凍すると各ツールが格納されたフォルダができあがります。

[ご注意]
TOOL 01.2　TOOL 06.1　TOOL 12.1　TOOL 14.2　の4つは、出典元URLのみを紹介しており、ダウンロードデータには含まれておりません。またリンク先のWebページは英語表記となります。

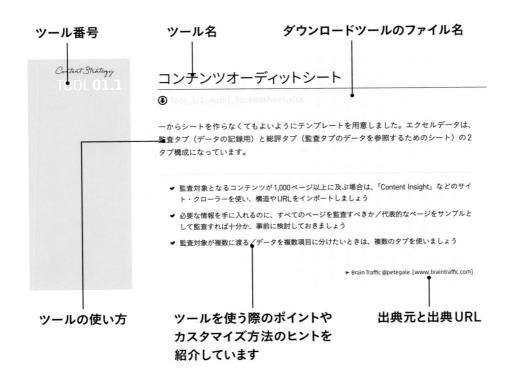

ツール番号／ツール名／ダウンロードツールのファイル名／ツールの使い方／ツールを使う際のポイントやカスタマイズ方法のヒントを紹介しています／出典元と出典URL

Part 1

プロジェクトの予算と承認を得る

Get budget and buy-in

コンテンツストラテジーのプロジェクトを進める第一歩は、ウェブサイトに関わる組織にプロジェクトの必要性をわかってもらうことから始まります。それにはまず、コンテンツの問題点を明らかにしなくてはなりません。次にやるべきことは、その問題点をビジネスチャンスに転換することです。その"チャンス"を武器に上層部を納得させ、コンテンツ改善プロジェクトに必要な期間とリソースの承認を得ましょう。

Chapter 01
問題とチャンスを明らかにする

Chapter 02
リソースを確保する

Chapter 01

問題とチャンスを明らかにする

あなたの会社、組織、あるいはクライアントは、ウェブコンテンツに問題を抱えている可能性が高く、この問題が生産性と利益を押し下げている――そう思ったからこそ、あなたはこの本を手に取ったのでしょう。あるいは、あなたがコンテンツの問題を発見・解決するプロジェクトを任されたのを知って、誰かが渡してきたのかもしれません。

不慣れなプロジェクトを任されてしまったのは不運かもしれません。しかしそこには良いこともあります。この問題は、あらゆるウェブ関係者が直面する問題であり、こうした問題を解決することは、たとえばインターネットをもっと居心地のよい場所に変える、といった価値あることに取り組むチャンスとなるからです。

本章では、いくつかのアイデアとツールを使いながら、あなたのコンテンツの何がいけないのか、組織内のどのワークフローが問題の要因になっていそうか、そして、どうやって問題点をチャンスに変え、組織に利益をもたらすかを探り出していきます。

コンテンツの問題点を明らかする
Figure out what's wrong with your content.

あなたがコンテンツの問題点を探り出したいと思ったのには、以下のような理由があるのではないでしょうか。

- ウェブサイトのリデザインを行うことになり、それならコンテンツ中心のアプローチを採って、コンテンツストラテジーを採用してみようと思った。——それはいいアプローチですね！
- ウェブサイトのリデザインの最中で、ローンチは間もなく。でもコンテンツがめちゃくちゃなことに気づいてしまった……。美しい新サイトをひどいコンテンツで汚したくない。——うんうん、気持ちは痛いほどわかります
- 新しいCMSへ移行する／はじめてCMSを使うので、コンテンツを今の場所からCMSへ移す必要が生じた。この機に、ずっと直したいと思っていたコンテンツに手を入れることにした。——とてもスマートな計画ですね！
- コンテンツの構造化に取り組んでいて、新しいサイトは画面サイズの異なる複数のデバイスで、さまざまな形式で閲覧できるようになる予定だ。それには内容を整理して、コンテンツモデルを実装する必要がある。——「構造のしっかりした」コンテンツ！エキサイティングですね！
- 今、コンテンツが組織やオーディエンスのニーズを満たしていないことを痛感している。そして、この状況を変えようと決意した。——進メ！コンテンツの勇者よ！

きっかけはどうあれ、あなたは現時点ですでに、コンテンツの良くない部分をしっかり把握できているのではないでしょうか。ただ、それを具体的な言葉や数値でうまく表せていないだけ。コンテンツストラテジーのプロジェクトは、こうした直観が最高の出発点です。そこでまずは、ちょっとした実験を行ってみましょう。

問題点の仮説を立てる

コンテンツの問題点を具体化する第一歩として、まずは仮説を立ててみましょう。そう、科学の実験と同じです。たとえば以下のような仮説が考えられると思います。

Key Words

CMS
コンテンツマネジメントシステム（Contents Management System）。ウェブコンテンツを構成するテキストや画像を一元管理し、専門知識を要さずともサイトの管理・更新ができるシステム。公開までの承認フローなどが含まれているものもある。

- 現在、コンテンツの大半は〈オーディエンスa〉向けになっているが、本当にコンバージョン数を増やしたいのは〈オーディエンスb〉なのではないか
- コンテンツが望ましい「ボイス&トーン」で書かれていないのではないか。つまり、あなたが望むような反応、抱いてほしい印象をキー・オーディエンスから引き出せるような表現ができていない
- コンテンツのメタ・デスクリプションが十分に練り込まれていないのではないか。その結果、コンテンツの質は高いのに、獲得できてしかるべきクリック数に届かない
- コール・トゥ・アクション(CTA)が弱い／全く無いのではないか。その結果、ページを閲覧したユーザーが、期待した動きをしない
- ユーザーの閲覧目的とコンテンツが合致していないのではないか。つまり、多くの人が〈A〉を求めて訪れるのに、提供するコンテンツの大半は〈B〉というミスマッチが発生している
- サイトのコンテンツの多くが賞味期限切れなのではないか。情報が間違っていたり、リンク切れを起こしていたりする
- コンテンツが読みづらいのではないか。まとまりがなく、大切な情報が埋もれている。これでは、どのページを見たユーザーも即「戻る」ボタンを押すのも無理はない
- そもそもサイトには探している情報が何もないのではないか。結果、サポートセンターに問い合わせの電話やメールの山が届く

Key Words

コンバージョン
商品を購入する、コンテンツを友人や家族に紹介するなど、閲覧したユーザーが提供側の期待する行動を取ること

メタ・デスクリプション
検索一覧に表示されるウェブサイトの要約文

コール・トゥ・アクション
購入ボタンや問い合わせ先の掲載、別ページへのリンクなど、ユーザーに取ってもらいたい行動を実際に取ってもらうための仕掛け

仮説の検証方法を選ぶ

さあ、仮説が立ったら、次はその正しさ／誤りを検証する方法を決めていきましょう。どんな仮説の検証にも使える万能ツールはありません。次の3つの方法を組み合わせて、さまざまな角度から問題点を明らかにするやり方をオススメします。

1 | コンテンツオーディット

あなた自身が行っても、専門家に頼んでもよいでしょう。コンテンツオーディット(監査)では通常、客観的な評価が可能な部分だけを監査します。対象オーディエンス、公開目的、リンク切れやリンク間違いの有無／ページへの導線／コンテンツの長さ／一覧性の高さ／キーメッセージのわかりやすさ……などです。 TOOL 01.1 はオーディットシートのテンプレートです。

TOOL 01.1

Content Strategy

コンテンツオーディットシート

⬇ Tool_1.1_Audit_Spreadsheet.xlsx

一からシートを作らなくてもよいようにテンプレートを用意しました。エクセルデータは、監査タブ（データの記録用）と総評タブ（監査タブのデータを参照するためのシート）の2タブ構成になっています。

- ✔ 監査対象となるコンテンツが1,000ページ以上に及ぶ場合は、「Content Insight」などのサイト・クローラーを使い、構造やURLをインポートしましょう
- ✔ 必要な情報を手に入れるのに、すべてのページを監査すべきか／代表的なページをサンプルとして監査すれば十分か、事前に検討しておきましょう
- ✔ 監査対象が複数に渡る／データを複数項目に分けたいときは、複数のタブを使いましょう

▶ Brain Traffic @petegale [www.braintraffic.com]

> **Hint**
> この検証で、仮説が間違っているとわかった場合、いきなりつまずいたような気になるかもしれません。でも落ちこむ必要はありません。仮説が間違っていたということは、思っていたほどその部分に問題はなかったということです。これで、本当に改善が必要な部分に注力することができます

2 | アクセス解析

アクセス解析とは、ページビューやユーザーのコンテンツ間の移動経路、よく使われる検索ワード、デバイス、ブラウザ、コンテンツへの到達経路などを調べることです。

3 | ユーザーテスト

ユーザーの生の声を聞くのは、評価に客観性を与える良い方法です。ユーザーテストを行えば、コンテンツの印象、わかりやすさ、キーコンテンツの見つけやすさなどがわかります。**TOOL 01.2** は簡単にできるユーザーテスト用シートです。また **表01.1** は、先ほどの仮説の例に対して、3つの検証方法のどれが妥当かを表にまとめたものです。

CHAPTER 1: 問題とチャンスを明らかにする

超シンプルなユーザーテスト・シート

Content Strategy
TOOL 01.2

ここ数年、コンテンツストラテジーとコンテンツ構築の分野を牽引しているのはGOV.UKです。この超シンプルなユーザーテストも彼らが作ったもので、コンテンツに関する最高の見識を提供してくれます。

1. コンテンツから重要なページをいくつか選び、プリントアウトして参加者に配布する（1部は手元に）
2. 参加者にページを読んでもらう。そして〈確信できた／賢くなった／言うとおりにしたいと思った〉部分には緑のマーカーで、〈自信をなくした／よくわからなかった／言うとおりにしたいとは思わなかった〉部分には赤のマーカーでチェックを入れてもらう
3. 全員の作業が終わったら、手元にあるまっさらなプリントアウトに、参加者がチェックを入れた箇所を同じ色のマーカーで写していく
4. 深呼吸をして、緑や赤の濃さを確認。この方法で順調な部分／手直しが必要な部分を洗い出す

- ✔ チェックしてもらう項目は、1種類だけ（自信を持てた／なくした等）にすること。最も重視する項目を選びましょう
- ✔ 結果を確認するときは、最も色の濃い部分に注目。ここが評価が集中した箇所です

▶ Pete Gale, @petegale, GOV.UK (www.gov.uk)

表 01.1 仮説とその検証方法の妥当性

仮説	オーディット	アクセス解析	ユーザーテスト
現在、コンテンツの大半は〈オーディエンスa〉向けになっているが、本当にコンバージョンを増やしたいのは〈オーディエンスb〉	◎	◎	
コンテンツが望ましい「ボイス＆トーン」で書かれていない。つまり、あなたが望むような反応、抱いてほしい印象をキー・オーディエンスから引き出せるような表現ができていない	◎		◎
サイトへ行っても何も見つからない。結果、サポートセンターには問い合わせの電話やメールの山が届く		◎	◎

035

検証の準備をする

検証方法を決めたら、次はどういった基準で／どういう質問を使って評価するかを詰めていきましょう。採用する手法ごとに、仮説の検証に必要な評価基準や調査結果のまとめ方、データの回収方法を具体的に決めていきます。

1 | コンテンツオーディット

監査が必要なのはたしかですが、いきなり始めるのはよくありません。まずは、その監査基準を具体的に定めることが肝心です。私はいつも、監査用の採点表を作り、詳細な基準と評価ランクを一覧化しています。特に、複数の人間が監査に当たるときには採点表は役に立ちます。クライアントやステークホルダーに結果を説明する際にも便利です。 **表01.2** は採点表の一例です。

> **Hint**
> ここで思いついた評価基準は、コンテンツの効果測定を行う際にも再利用できます。評価そのもの（少なくともその一部）を測定の土台にすることも可能です。詳しくはChapter12を参照してください

> **Hint**
> エクセルとにらめっこして頭痛を起こさないために、評価の入力値はよく考えて設定しましょう。複数の監査項目で共通する入力値を採用すれば、データ整理は格段にラクになります

表01.2 コンテンツオーディット採点表

項目	質問の文言	入力値	質問の目的
オーディエンス	そのコンテンツは誰向けに書かれているように見えるか？	幹部レベル マネージャー メディア 不明	CTAの役割／コンテンツの複雑度／コンテンツの性質
ボイス&トーン	コンテンツのトーンは狙った通りになっているか？	はい ある程度 いいえ	設定したトーンがコンテンツに明確に反映されているか
明快性	メッセージは明確で効果的か？	はい ある程度 いいえ	明解な見出しやタイトル付け／論理的な情報／階層構造／平易な言葉／効果的なCTA
読みやすさ	コンテンツの原稿、文体、書式などは適切か？	はい ある程度 いいえ	簡潔で短い文か／専門用語を使っていないか／見出しや箇条書きの活用／生き生きとした文章か

2 | アクセス解析

アクセス解析からは、非常に多くの情報が得られます。だから、早速データ収集に取りかかって、有益な情報を見つけ出したいと思う気持ちはよくわかります。しかし焦ってはいけません。ここでもまず、何を調べて、何を知りたいかを具体的にはっきりさせることが肝心です。知りたい内容によっては、集めたデータを監査する必要もあるでしょう。たとえばビューがいちばん多いページを知りたいのなら、オーディットシートに一列加える必要がありますよね。リサーチ内容が決まったら、どんな形式で答えを記録するかも決めておきます。 表01.3 を参考にしながら、リサーチ内容と具体的な手法を考えてみてください。

> **Hint**
> 私はアクセス解析の専門家ではありませんが、オススメの専門家なら知ってます。ご存知、Googleです。「Google Analytics」をサイトに導入してみてください。使い方はネットでいくらでも見つかります

表01.3 アクセス解析プラン表

リサーチ内容	手法
〈特定の行動を狙ったCTAを含むキー・ページ〉を訪れたユーザーが、閲覧後にどういった行動を取っているか	X期間中にユーザーが取った行動の内訳（パーセンテージ）
ユーザーは何を求めてサイトを訪れているか	毎月の検索ワード上位X個
閲覧の最も多いページと、そこまでの経路は何か	到達経路の内訳（パーセンテージ）と、経由ページ上位X個

3 | ユーザーテスト

ここでもやはり、テストの席に着く前に、参加者からどんな答えを聞き出したいか、それにはどう聞き出すのが最適かをはっきりさせておくことが大切です。ここでは、質問と答えの例をいくつか挙げてみました。

- コンテンツを読んだユーザーが、どう感じたか。たとえば自信が出た／リラックスできた／圧倒されたなど
- コンテンツを読んだユーザーが、どんな言葉であなたのサイトを表したか。その言葉が、ブランドイメージやトーンと合致しているかを確認する
- ユーザーは、コンテンツをどの程度まで理解できているか
- コンテンツを読んだユーザーは、期待どおりの行動を取ってくれそうか
- ユーザーは、サイトのキー情報を見つけ出せているか

> **Hint**
> ユーザーテストは、大量の参加者を集めて行う必要はありません。むしろ、こういうテストでは参加者が多すぎると、それに伴う労力の増加と得られる見返りが比例しなくなっていきます。参加者は5人で十分です

こうして作ったあなたなりの（仮説を反映した）質問一覧表をベースに、参加者に配るユーザーテスト・シートを作ります。その際は、まず同僚や家族で試してみて、所要時間やテスト内容の説明の仕方を確認しておくとよいでしょう。

ピープルとプロセスを忘れるべからず
Don't forget people and process.

あなたはきっと「うちのコンテンツはひどい！」と憤っていることでしょう。だからこの本を読んで、改善のヒントを得ようとしているわけです。その際に最も大切なのは、コンテンツの何が問題かを具体的に明らかにすることです。つまり問題がどこから生じているのか、そこにコンテンツ制作に携わる人間やプロセスがどう影響しているかをしっかり把握する必要があります。

ピープル（人材）とプロセスには、忘れてはならない2つの重要な原則があります。第1に、悪意を持って、適当な仕事をしようと思うスタッフはひとりもいないということ（ごくまれに例外もいますが…）。意思決定を行う幹部も、制作の実働部隊も、持てる技術と手に入れた知識を最大限に駆使して仕事に取り組んでいるのですから。第2に、無意味で邪魔に思えるプロセスやツールも、元々は問題を解決するために編み出されたものだということ。問題なのは、そうしたプロセスやツールが現状に合わせて進化していない、あるいは定期的な有効性の確認が行われていない、ということです。

なぜこんな話をしたのかというと、私が新しいプロジェクトに取り組む際は、必ずこの2つを自分に改めて言い聞かせているからです。ため息まじりに「この人たちはいったい何を考えてるのやら」とか「自分のしてることがわかってるの！？」と文句を言うのは簡単です。しかしそんなことをしても、私のためにもクライアントのためにもなりません。だからこう言うことにしています。「なぜこのやり方を採用しているのか、理由を教えてもらえますか？」あるいは「コンテンツの改善に必要なスキルと、今持っているスキルにギャップを感じていませんか？」と。

では、このことを踏まえた上で、現段階ではっきりさせるべき部分を考えてみましょう。

- コンテンツを作っているのは誰か。分野ごとの専門家は？ 法務／コンプライアンスの確認を行っているのは？ 執筆者は？ 編集者は？ 公開者は？……
- コンテンツの制作や公開に、担当者はどのくらいの時間を費やしているか

- 発案／公開要請から、実際の新コンテンツ公開までの所要時間はどのくらいか
- 日／週／月／四半期／年ごとのコンテンツ公開数はどのくらいか
- どのような手順でコンテンツ公開の可否を決めているか
- スタッフから不満の挙がるコンテンツ絡みの難点や障害は何か

> **Hint**
> 現段階では、難点やチャンスの取っかかりを得るだけでかまいません。ピープル（人材）とプロセスの問題点を掘り下げる作業は、Chapter09とChapter13にて解説します

この段階での作業にあまり時間はかけたくないでしょう。何しろ、プロジェクトはまだ予算もゴーサインももらっていない状態なのですから。だから、ここでは簡単な実地調査だけでかまいません。休憩室へ行ってスタッフを見つけ、コーヒーをおごり、あなたなりの仮説に基づいて質問するだけでよいです。手に入れた情報を逐一検証し、吟味するのは後回し。さしあたっては、スタッフとプロセスがコンテンツにどう関わっているかが把握できれば十分です。

「問題」を「チャンス」に転換する
Turn problems into opportunities.

「問題」と言われると気が滅入りますよね。でも、それを「チャンス」と考えればやる気になりませんか？ チャンスと捉えれば、あなたの上司やそのまた上司、同僚、クライアント、そしてあなた自身もぐっと興味が高まります。「問題を解決する」のは何やら大変そうですが、「チャンスをものにする」と考えれば、楽しいことに思えてきませんか？

さて次に行う作業は、この先すべてのステップの土台になるものです。だからじっくり時間をかけて点と点を結びつけ、スタッフやプロセスとコンテンツとの相関関係をまとめてください。この作業を終えたら、これらの情報をうまくアレンジして、コンテンツストラテジー・プロジェクトの承認に必要なプレゼン資料を作ります。

表01.4 では、発見した問題をチャンスに転換する考え方を示しています。この形式を参考にしながら、点と点を結びつけることで浮かび上がってきた大きな問題、そしてコンテンツオーディット／アクセス解析／ユーザーテストの結果が示している可能性を探り出してください。

表01.4 コンテンツの「問題」を「チャンス」に変える例

問題	可能性	チャンス
主要オーディエンス向けのコンテンツが、それ以外のオーディエンス向けのコンテンツの半分しかない	■ 執筆リソースの配分が間違っている ■ 主要オーディエンスをないがしろにしている ■ 主要オーディエンスが必要なコンテンツへたどり着けていない	ユーザー調査を行い、カスタマー・ジャーニーの途上におけるユーザーのニーズをいっそう深く理解する。そうすることで、コンバージョンにつながる可能性の高いコンテンツの制作や改善に、執筆時間と予算を集中できるようになる！

このように「チャンス」を書き留める際は、必ず達成目標を記すようにしましょう。たとえば 表01.4 では、「コンバージョンの増加」が目標です。それこそ、あなたの上司の上司、そのまた上司のさらに上の上司が何より気にする部分ですから。そうやって理にかなった目標を設定できたら、次はその目標が達成した結果もたらす成果も考えましょう。プロセスがよりスムーズになる／費用が減る等々……。 表01.4 では、リソースの配分効率が上がることで「収支が改善する」という成果が示されています

準備はOK? では次へ!
Ready? Let's go.

ここまでの作業で、自分のコンテンツの何が良くないかはだいぶわかったはずです。問題をチャンスへ変えることもできました。さて次に必要なのは、上層部を説得し、コンテンツストラテジーが必要だとわかってもらう作業です。Chapter02へ進みましょう！

Chapter 02
リソースを
確保する

Chapter01では事前リサーチを行い、組織やクライアントのコンテンツを改善するチャンスを明らかにしました。次は、プレゼン資料を作成し、プロジェクトとしての時間とリソースを確保する段階です。資料を説得力のあるものにするには、忘れてはならないポイントが2つあります。

1つ目は、小さな目標を提示し、最初から時間と予算をがっつり要求しないこと。もちろん、優先して取り組むべきプロジェクトだと印象づける必要はありますが、リスクが少ないプロジェクトのほうが、意思決定者も承認を出しやすいものですから。

2つ目は、「人は正しいことがしたい」という常識を忘れないこと。つまり、組織も正しいプロジェクトに対しては、惜しみなく時間や予算といったリソースを投じます。あなたのプロジェクトも、そのひとつになればよいのです。

ビジネス視点で捉える
Think like a business person

さて、あなたは仕事をするなかで、職場の人間（多くは意思決定権のある上層部）に対してこんな悪態をついた経験はないでしょうか。「ああっ、くそっ、あいつら何もわかっちゃいない」と。私はあります。思うに、あなたは間違ってない。多分、彼らは本当に何もわかっちゃいません。ただ、こうも思うのです。同じその瞬間、言われた相手もおそらく、あなたは何もわかってない、と感じていると……。そして多分、彼らも間違ってはいない。このズレにこそ、コンテンツを作る側にビジネス思考が欠かせない理由があります。

ビジネス側の人間は、投資利益率（ROI）、リスク、そしてリターンといった観点から物事を考えます。当然です。ですからコンテンツストラテジーのプレゼン資料では、必ずこれら3点に基づいてデータを提示する必要があります。プロジェクトはどれくらい業務の効率を改善するのか、どれくらい費用を削減するのか、どれくらい売上を高めるのかといった視点が必要なのです。

つまり、プレゼン資料で提示するのは、健全な経営判断でなくてはなりません。あなたがこれから説得を試みる人たちは、おそらく痛い目をみた経験があります。豪華な新サイトやアプリ、壮大なアイデアに資金を投じたはいいが、売上アップやクライアント獲得、ブランド確立、収益増加といった成果に惨敗した経験が……。彼らの評価や給与、ときにはクビまでもが、こうした判断にかかってくる場合があります。だからこそ、あなたが「わかってない」と嘆くのとまったく同じように、彼らもわかっていないと嘆くのです。やや暗い話になってしまいましたが、とても大切なのでここでお話しておきました。

逃しているチャンスを定量化する

さて、ここではちょっとした計算問題をつくりましょう。上層部を説得するには、Chapter01で明らかにしたチャンスに基づき、プロジェクトの予測や見通し（なんともビジネス的なワードじゃないですか！）を立てる必要があります。わかりにくいという人は、数学の授業でやる計算問題をイメージしてみてください。

とあるクライアントのイントラネット改革プロジェクトを例に説明しましょう。この例は、サイト再構築と用語定義の重要性を提案するためのプロジェクトで、実際のデータを基にしています。

- この会社の社員は、1週間に平均30分、イントラネットの検索に不要な時間を費やしていると推計される。従業員7000人の平均時給が40ドルなので、1週間に14万ドル、年間で728万ドルの無駄が生じていることになる。
  従業員7000人 × 0.5時間 × 時給40ドル × 52週

- 従業員は3〜4カ月に一度、イントラネットにあるはずのものが見つからず、サポートセンターに電話をかけている。年間計21,000コールにのぼり、1回の電話の所要時間は平均4分。1分あたりの電話代を約1ドルと考えると、年8万4000ドルの損失を出している計算になる。
  年3コール × 従業員7000人 × 4分 × 1ドル

- これは電話代だけの話。無駄な電話に費やされたスタッフの給料を計算すると、5万6000ドルになる。
  年12分 × 従業員7000人 × 時給40ドル

- すべてを合計すると、「イントラネットで必要な情報がすぐに見つからない」という問題は、年間742万ドルの損失を会社に与えている。仮に検索時間と電話回数をそれぞれ半分にできれば、スタッフの時間を9万2400時間も浮かせ、企業は371万ドルを節約できる。

同じ例を使って、今度はサイトの再構築と用語定義作業に必要なコストを算出します。必ず誠実に計算して、必要なコストはすべて含めるようにしましょう。 表02.1 は、この例の場合のコストを示したものです。たった1万6,128ドルの費用で300万ドル以上を節約できる可能性があるとは！ これはもう、プレゼンの必要すらないと言えるんじゃないでしょうか。

表02.1 コストの見積もり例

作業内容と作業時間×チームメンバーの平均時給	費用
アクセス分析／コールセンターの報告書／使用者からのフィードバック確認作業 [20時間×48ドル（チームメンバーの平均時給）]	960ドル
新たなサイトマップ／ページ再構築と用語定義／アクセス解析と修正作業 [80時間×48ドル]	1152ドル
レビューとステークホルダーからの承認獲得 [12時間×48ドル]	3840ドル
技術的要素の実装／試験運用 [200時間×48ドル]	576ドル
合計	1万6128ドル

リスクを見積もる

これで、ビジネスチャンスという観点から、説得すべきストーリーが手に入りました。この例なら、「数百万ドルの節約」というのがストーリーです。さて次はリスクを明らかにしましょう。私と同じコンテンツストラテジー・コンサルタントのメリッサ・ラックは以前、「コンテンツ＆キャッシュ 2012」と題したプレゼンテーションを行ったことがありました。特に、意思決定者にアイデアを判断してもらうための、機会費用（コスト）と機会損失（リスク）の計算方法に関するスライドは有意義なものでした。彼女は、ダグラス・W・ハバード著『How to Measure Anything: Finding the Value of "Intangibles" in Business』〈すべてを分析する—無形のものに数値を与える〉という本を参考にしたそうです。

さて、実際にリスクを算出してみましょう。またしても計算問題です。

> **Hint**
> リスクは悪ではありません。リスクの先に見返りがあるのなら、企業はすすんで危険を冒すものですから

■ **プロジェクトがもたらす利益の最大値を割り出す：**
今回の場合、検索と問い合わせの時間を半分にすることで得られる［371万ドル］

■ **プロジェクトに必要なコストの最大値を割り出す：**
今回の場合、1万6128ドル。切り上げて［2万ドル］としておきましょう

■ **プロジェクトの成功率を算出する：**
今回の場合、成功率はかなり高いとみてよいでしょう。そこで［75％］としておく

■ **プロジェクトのリスクを算出する：**
［コスト］×［失敗率］をかけて算出します。
今回の場合、［2万ドル］×［25％］＝［5000ドル］

■ **プロジェクトを実行しなかった場合のリスクを算出する：**
こちらは［利益］×［成功率］をかけて算出します。
［371万ドル］×［75％］＝［277万5000ドル］

最大のリスクが［5000ドル］で、最大の利益が［約300万ドル］。となれば、予算を握っている人たちも、ノーというのはかなり難しいはずです。

いつもこんなふうにチャンスとリスクに開きが出るとは限りませんが、意思決定者にプロジェクトの価値を理解し、建設的な判断を下してもらうには、コストとリスクをきちんと提示することが良い方法と言えるでしょう。

費用以外のコストを考える

予算とリソースを求める上で何より重視されるのは、金銭的な費用でしょう。しかし他のコスト、そしてメリットも重要な意味を持っています。

私が携わったプロジェクトの中で、最も大きい金銭外のコストといえば、企業文化の変革です。今回の例の場合は、コンテンツ改善が企業文化を大きく変えることはありませんでした（ゼロではありませんでしたが）が、多くの場合、コンテンツストラテジーの導入は、そこで働く人間の仕事への姿勢を変えます。その変化が仕事の効率化やコンテンツの改善をもたらし、やがてはビジネス目標の達成につながるとしても、これまでの仕事の手順を変えるのはそう簡単ではなく、犠牲を伴うこともあります。

こうした変化を避けて通ろうとしてはいけません。逆に、立ち向かうべきです。この段階で、「コンテンツが改善するのなら、仕事のやり方を変えてもかまわない」という意思決定者の同意を取り付けましょう。

> **Hint**
> 組織改革、そしてコンテンツストラテジーのためにステークホルダーの役割や制作プロセスを見直す作業は、Chapter14で詳しく説明します

意見を組み立てる
Make your argument

人はみな、自分の望みや信条を通すため、日々意見を組み立てています。思い返してください。本当にちょっとした、日常の選択でかまいません。たとえば、一緒に出かける予定のある友だちに、こんなメールを送った経験はないでしょうか。

> ■ よかったら、昼食は〈最高のランチを出す新しいレストラン〉でどうかな？〈信頼できるソース〉によると、チーズ入りのハッシュブラウンがすごくおいしいんだって。それに、先週そこへ行った〈別の友人〉が、お気に入りの店がまた一つできたって言うから。調べた限り、そのお店は地元の食材にこだわってる。それに、場所も〈この日の2人の目的地〉への途中だよ。ただ一つ気になるのが、店は予約を受け付けてないってところで、だから少し待たされるかも。でもその価値はあると思う！

ほら、意見を組み立ててるでしょ？　あとは友人がイエスと言ってくれれば文句なしです。

高校や大学の授業で、ディベートの練習をした経験があると思います。こうしたディベート術については、参考になる本やサイトがたくさんあります。その1つで、私がすごく気に入っているのが、スティーヴン・トゥールミンの「論証モデル」です。トゥールミンによると、人の意見は6つの要素から成り立っているそうです。

- **主張**：
  他者に受け入れてもらいたい内容

- **根拠**：
  主張を支える客観的なデータや事実

- **論拠**：
  データが主張の根拠となるうる理由付け

- **裏付け**：
  論拠を裏付ける情報

- **保証**：
  データや事実の信頼度

- **反論**：
  予想される反対意見

表02.2 トゥールミンの論証モデル

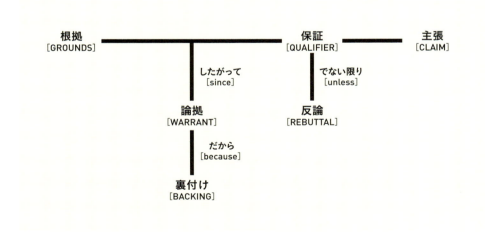

では、この論証モデルを今回のイントラネット改善プロジェクトの例に当てはめてみましょう。それが済んだら、次は TOOL 02.1 を使って、あなた自身のプロジェクトのためのプレゼン資料を作ってみてください。

1 | 主張

今回の例では、サイト改善プロジェクトに2万ドルの予算がほしい、というのが主張です。

2 | 根拠

主張を支える根拠となるデータは2つあります。

- 従業員は、イントラネットからの情報検索に、年間でおよそ18万2,000時間を無駄に費やしている。金額で言うと、年間728万ドルに相当する
- 従業員は、1人当たり年に約3回、1回当たり約4分、サポートセンターに電話をかけ、見つからない情報を問い合わせている。電話代、そして従業員が費やした時間を金銭に換算したものを合計すると、年間約14万ドルになる

3 | 論拠

このデータが主張の根拠となりうる最大の理由は、サイトが改善すれば、企業は次の2点で費用を節約できる点です。

- 検索と電話に使う時間を半分にできれば、300万ドル以上の節約になる
- コールセンターの費用を約4万2000ドル節約できる

4 | 裏付け

論拠の裏付けとして、見つかりにくい情報を検索しなくてはならないとき、従業員がどう感じたり、どんな行動を取ったりするかを分析しました。従業員へのアンケートやサイトのアクセス解析を実施してこれらの情報を収集したところ、次の3点が大きな傾向として浮かびあがりました。

- 従業員の75%が、イントラネットから情報が見つからないとイライラすると回答。うち20%がコールセンターへ問い合わせの電話をかけている
- 検索ログを分析した結果、あるトピックや情報に対して、ユーザーの検索ワードと、イントラネットのナビゲーションラベルとして用いているワードが異なっていた

- サイト全体を分析したところ、必要な情報が含まれているであろう（そこで検索が終了しているため、そう推察される）ページへたどり着くまでに、最大で10回ものクリックを行っていた

5 | 保証

専門家の意見を引用したり、他のプロジェクトの成功例を引き合いに出すことで、データの信頼度を示せるでしょう。たとえば、ニールセン・ノーマン・グループが2014年に公開した記事「イントラネットの情報アーキテクチャのトレンド」によると、あいまいなラベリングは、イントラネットの情報アーキテクチャ（IA）の中でもとりわけ大きな問題だと指摘されています。ナビゲーションラベルの改善は、情報の見つけやすさと時間の短縮につながるのです。

6 | 反論

真っ先に出そうな反論はコストでしょう。そこで、予算プランとリスクデータの出番となります。

- イントラネット・チームがプロジェクトの完了にかかる時間を金銭に換算すると、費用の見積もりは2万ドルとなる
- 検索と電話のコストを半分にできる（すなわち年371万ドルを節約できる）可能性は75％である
- つまり、想定されるリスクがわずか5000ドルほど（2万ドル×25％）なのに対して、リターンは最大で年277万5000ドル（371万ドル×75％）にのぼる可能性がある。小さなリスクをたった一度取るだけで、大きな金銭的利益と従業員満足が、おそらく数年にわたって（その後の定期的な見直しは必要だが）得られる

7 | 要求

トゥールミンの論証モデルでは項目として立ってはいませんが、私たちの場合、ここで何が必要かを具体的に明示しなくてはなりません。今回は、表02.1 の試算をもとに、計2万ドル分のスタッフ・リソースの注入が必要だと訴えます。

- サイト再構築のためのリソース：約120時間
- ビジネスパートナーとのMTG：約24時間
- テクニカルチームによる実作業：約200時間

Content Strategy TOOL 02.1

プロジェクト承認申請のためのプレゼン資料

⬇ Tool_2.1_Making_The_Case_Presentation_Starter_Deck.pptx

ダウンロードしたPowerPointで、あなたのプロジェクトに関するプレゼン資料を作ってみましょう

- 状況は常に千差万別。どこかから見つけた解決策をコピペするのはNGです
- プレゼンの方法と相手を念頭に置いて作りましょう。直に会ってプレゼンするなら、文字数は少なくてOK。しかしメールや書面を送るだけの場合は、反対意見に回答する機会がないので、根拠や裏付けをあらかじめ多めに盛り込んでおく必要があります
- 要求は明確に。直接プレゼンしているなら、その場で判断してもらうか、いつまでに返答がもらえるかをはっきりさせましょう。決して曖昧にしないように

▶ Brain Traffic [www.braintraffic.com]

いよいよプロジェクトの始動です!
Ready for action?

さあ、これであなたもプロジェクトの承認を得ることができたことでしょう。もしかしたら、まだ上層部の説得に成功していない人もいるかもしれませんが、気落ちする必要はありません。変化はそう簡単なものじゃありません。意思決定者の方に、リスクを取ったり、今までのやり方を変えたりする心の準備ができていない場合だってあります。ビジネスという観点で、あなたのプロジェクトより優先度の高い課題が持ちあがることもあるでしょう。

でも、それがなんでしょう。あなたには、日々のコンテンツ業務で小さな変化を起こし、上層部の印象を良くする手があります。主張の根拠となるデータをさらにかき集め、次の予算編成のタイミングでプレゼンに再挑戦するのもよいでしょう。気持ちを明るく保ちつつ、粛々と、しかし機を逃さずに、コンテンツ改善を続けてください。

承認を獲得できたのなら、おめでとうございます! 次章ではプロジェクトを円滑に進めるための下準備を進めましょう。

Part 2

プロジェクトを設計する

自動車保険の会社にとって、安全なドライバーかどうかを測るいちばんの指標は、急ブレーキをかける頻度だそうです。自動車保険では、こうした小さなことがものを言うんですね。私の経験上、コンテンツストラテジー・プロジェクト（というより、ほぼあらゆるプロジェクト）でいちばんの成功の指標となるのは、正しいステークホルダーを巻き込めているかどうかです。

正しいステークホルダーを集めることができたら、次はプロジェクトの目標に向けて全員の足並みを揃え、それぞれの役割をわかってもらい、いつ、誰の、どんな手助けが必要か、その見通しを示します。そのあとは、終始プロジェクトを効率的に取り仕切りつつ、全員で情報を共有しながら、みんなのやる気を保つことに力を注ぎましょう。

Chapter 03
ステークホルダーを巻き込む

Chapter 04
目標を設定しチームを団結させる

Chapter 05
プロジェクトを取り仕切る

Chapter 03
ステークホルダーを巻き込む

ステークホルダーがどれだけプロジェクトに熱意を持っているか。彼らの足並みがどれだけ揃っているか。これがプロジェクトの成功と失敗の分かれ目です。これはどんなプロジェクトにも当てはまる定説ですが、コンテンツストラテジー・プロジェクトにおいては特に重要になります。

その理由はなぜでしょうか？　それは、現代の企業組織では、内部のほぼ全員が何らかの形でコンテンツ制作に携わっているからです。ブランド戦略の策定、製品紹介の執筆、補助コンテンツの制作、コンテンツの法務や規制遵守の確認、ページやサイトそのもののデザインなど、携わり方はさまざまですが、関わりのない人はまずいません。

そしてコンテンツは、多くのステークホルダーにとって、非常に思い入れのある個人的なものです。特に、表に出るコンテンツを作っている人間は、とりわけ強くそう感じています。だからコンテンツの中身や作り方を変えると聞くと、彼らはショックを受け、恐怖を感じます。

ステークホルダーを巻き込み、足並みを揃えるために肝心なのは、第1に、目標に納得してもらうこと。そして第2に、あなたの専門知識や意見を押しつけるのではなく、彼ら自身の力でその旅を進めてもらうことです。

ステークホルダーの役割とタイプ
Stakeholder roles and Types

プロジェクトには、必ずステークホルダーがいます。この本で「ステークホルダー」と言った場合、それはプロジェクトに影響を与える人間、影響を受ける人間全員を指していると思ってください。意思決定者や予算責任者だけではありません。戦略策定する上で重要な意見や見識を備えている人、提案の実行に必要な専門知識と技術を有している人は、すべてステークホルダーです。

役割

役割とは、ステークホルダーとプロジェクトとの関わり方のことです。私は、ステークホルダーの役割を5種類に分類しています。

1 | プロジェクトの所有者

プロジェクトの成功、または失敗の最終的な責任を取る人間。あなた自身のこともあれば、あなたにプロジェクトの実行を任せた人間のこともあるでしょう。通常、プロジェクトの所有者は1人だけです。

2 | 意思決定者

何かしらの問題を抱えていて、プロジェクトにその問題を解決してもらいたいと思っている人間。通常はかなりの発言力を持ち、プロジェクトの承認・不採用の決定権があります。予算を握っている人間も、場合によっては意思決定者に分類されるでしょう。ただし、予算を承認するだけで、以降はプロジェクトに関わらない人もいます。

3 | 賛同者

プロジェクトを進める上でのあなたの強い味方です。プロジェクトの重要性を組織内の人間に説く際、賛同者の力が頼りになります。ただし、いろいろなことをわかっているからといって、すべてを賛同者に任せきりにしてはいけません。

4 | 影響者

検討に値する見識を持っている人間。ただし決定権はありません（持っていると錯覚している人もときにはいますが）。

5 | 反対者

正式な拒否権を常に持っているわけではないが、プロジェクトの進行を止める力のある人間。一口に反対者といっても、その種類はさまざまです。発言力がありすぎる人や、チームにマイナスの影響を与える可能性がある人の場合もあれば、変化に対して保守的な人、プロジェクトに懐疑的な人もいます。彼らとあなたのビジョンが一致しないということもあるかもしれません（ただし普通は、反対したくて反対者になっている人間はいません）。

タイプ

タイプとは、ステークホルダーがプロジェクトに持ち込む意見や見識、情報の種類を指します。私は、ステークホルダーのタイプを4つに分類しています。

1 | 戦略担当者

戦略策定を行う人間。企業全体や事業、部署の目標を設定し、ビジョンを定める人間です。

2 | 専門家

分野ごとの専門家。企業の製品やサービスなどの提供物について詳しい知識を持っている人たちです。何らかのテクノロジーや機能について、豊富な知識を持っている人も専門家に含まれます。

3 | 実行者

こちらもあなたの強い味方です。コンテンツの制作や公開から、テクノロジーやCMSの実装まで、あなたが立てた戦略を実行に移すスタッフを指します。

4 | ユーザー代理

ターゲット・オーディエンスに関する知識や経験を持っている人間。顧客サービス部のスタッフや、サイト分析の担当者などが一般的です。

ステークホルダーを明らかにする
Your stakeholders

役割とタイプをつかんだところで、次はあなたのプロジェクトに関わりのある実際のステークホルダーに目を向けてみましょう。

リストアップと分類

先ほどの役割とタイプを頭に入れながら、あなたのプロジェクトに携わるステークホルダー・リストを作ってみてください。まずは、プロジェクトと関連しそうな部署（マーケティング部など）をリストアップし、次にその部署をいくつかのグループ（デジタル・マーケティング課など）に細分化しましょう。

それができたら、話をする必要のある人物をピックアップします。デジタル・マーケティング課長の〇〇さん、同課アナリストの□□さんというように……。話すべき人間が具体的に思いつかなかったら、周囲の誰かに尋ねるか、組織図や連絡網にあたるかして選出してください。

さて、リストができたら、各人に役割とタイプを当てはめていきます。もちろん私だって人にレッテルを貼るのはイヤですが、仕方ありません。このリスト化とラベル化の作業には TOOL 03.1 を使うとよいでしょう。

> **Hint**
> 1人のステークホルダーが、2つ以上の役割、タイプに当てはまることもあります

ツールにあるリストの中で空いている箇所を埋めます。反対者なんていない？ もっとよく探しましょう。専門家が欠けている？ じっくり見つけましょう。最悪なのは、話す必要のない人と話すことではありません。絶対に、必ず話さなくてはならない人間を見逃してしまうことです。

表 03.1 ステークホルダーのリストアップ

名前／役職	役割					タイプ			
	意思決定者	プロジェクト所有者	影響者	賛同者	反対者	戦略担当者	専門家	実行者	ユーザー代理
田中淳一 マーケティング部 部長		◎		◎		◎			

ステークホルダー・リスト

Content Strategy
TOOL 03.1

⬇ Tool_3.1_Stakeholder_Matrix.docx

ステークホルダーのリストアップと分類をしましょう。リストが完成したら、インタビュー形式、インタビューで扱うトピック、相手が挙げそうな不安材料、話の切り口を決めていきます。最後の表には、インタビューした日時とそこで得た情報のまとめを書き込みます

- まずは思いつくままリストアップします。その結果リストにまとまりがなければ、人数を削ってもかまいません
- 複数の人間に対して、同じトピックをぶつけるのは避けましょう。ステークホルダー各人に合わせて、可能な限り具体的な質問を考えましょう
- あなたが外部コンサルタントなら、企業内のプロジェクト責任者と一緒にリストアップしていきましょう

▶ Brain Traffic [www.braintraffic.com]

アプローチ方法

ステークホルダーへのアプローチ方法を考えるのは、もちろんあなたにとって重要なことですが、それだけではありません。これは、ステークホルダーの側にとってもすごく重要な意味があるのです。その理由を説明しましょう。

- インタビューを行う目的は、相手の仕事内容とビジネスへの影響力を知ることにあるとわかってもらう必要がある
- ステークホルダーは、自分の時間が正しいことに使われるという確約を得たい。彼らにとって、話を聞きたいというあなたの申し出は、最初の段階ではToDoリストの一項目にすぎない
- 人は普通、誰かに理解され、話を聞いてもらいたいと思っている。しっかりと作戦を練り、相手の立場を考えて話を持ちかければ、ステークホルダーも感謝してくれる

ステークホルダーへのインタビューガイドの作り方、インタビューの実践例は、Chapter06で詳しく解説します。現段階では、インタビューで何を話題にすべきか、彼らがプロジェクトの不安材料として挙げそうな部分はどこか、どういった切り口でプロジェクトを売り込み、理解を得るかを決めておけば大丈夫です。

リストに細かく書き込んだら、次はどうやってステークホルダーの心を掴み、彼らの脳からあなたの脳へ情報を移すかを考えます。一般的なのは、直接のインタビューか電話取材、あるいはワークショップやワーキングセッションの大きく2つの方法があります。

コンテンツストラテジー・プロジェクトでは、この2つの手法をさまざまなフェーズ、さまざまな形で活用していくことになりますが、詳しい実行方法については、それぞれの章に回すとしましょう。ここでは、2つの手法の大まかな概要だけ紹介しておきます。

1 | インタビュー

私はさまざまな理由から、プロジェクト進行中、頻繁にインタビューを行います。最初はリサーチが目的です。つまり、その会社の事業や商品、ビジネス目標、難点、課題、参加者について知るためです。プロジェクトの後半では、情報の穴を埋める必要が生じることがあります。そんなときは、以前にインタビューした人のところへ戻ったり、新しい人に話を聞いたりして、必要な見識や専門知識を手に入れるようにしています。そして最後に、実際にコンテンツを制作する際には、専門家にインタビューをし、作業内容をきちんと把握できているかを確認します。彼らへのインタビューからコンテンツの概要を考えることもよくあります。そうやって専門家の意見を取り入れてから、制作に取りかかるわけです。

表03.2 ステークホルダー別にまとめたアプローチ方法

名前/役職	役割					タイプ			
	意思決定者	プロジェクト所有者	影響者	賛同者	反対者	戦略担当	専門家	実行者	ユーザー代理
田中淳一 マーケティング部 部長		◎		◎		◎			

2 │ ワークショップ／ワーキングセッション

プロジェクトでは、ワークショップやワーキングセッションの出番も数多く訪れるでしょう。誰を呼ぶかは、ワークショップの目的次第です。そこで私はいつも、ワークショップやワーキングセッションを3つの種類に分類しています。

- **戦略的ワークショップ**
  企業の戦略的ビジョンとプロジェクトとの関連性を理解することを目的としたワークショップ。参加者は通常、意思決定者になるでしょう

- **コンテンツ生態系分析ワークショップ**
  コンテンツを取り巻くさまざまな問題点や課題を理解するためのワークショップ。対象オーディエンス／オーディエンスに知ってほしい内容／オーディエンスからの期待／プロジェクトが成功した場合の成果や変化といったことを検討します。テーマによって、参加するステークホルダーの役割やタイプは変わってきます

- **戦術的ワークショップ**
  情報アーキテクチャの構築や、コンテンツのデザイン段階に入ったら、実行者とこの種のワークショップを行うと、作業がスムーズに進みます。必要な情報をリアルタイムで更新し、現場からのフィードバックを集め、作業のスピードを上げることが目的です（もちろん、いつもスピードアップできるわけではありませんが）

> **Key Words**
>
> **ワーキングセッション**
> 関係者を集めて、方向性や仮説について、ブレインストーミングからアイデアの整理、統合まで、幅広く検討を行うためのミーティング

取材	ワークショップ	トピック：どんな話題を扱うか？	不安材料：相手がいちばん気にしそうな部分はどこか？	切り口：プロジェクトをどう売り込むか？
		●プロジェクトの見通し：相手は何をもってプロジェクトが成功だと判断するか？ ●コンテンツ系作業の実績：どんな仕事だったか／どこが難しかったか	●結果が出せなかった過去のプロジェクトはあるか？ ●プロジェクトが成功しなかった場合、翌年の給与・査定にどんな影響がでそうか？	●今回は、今までよりも要点を絞って改善を行う。しかし結果は今までよりも大きなものが出せる ●マーケティング調査の回数を減らせる

ステークホルダーと連携する
Keeping stakeholders in the loop

> **Hint**
>
> タスクに優先順位を付けるように、ステークホルダーにも優先順位を付けましょう。なかには、プロジェクトの序盤には絶対にいてもらわないと困るけど、後半ではあまり意見を気にしなくてよさそうな人もいるでしょう。逆に最初はあまり出番はないけれど、あとで活躍の場がやって来て、たくさんアイデアや意見をもらいたいステークホルダーもいるかもしれません

ステークホルダーの取り込みは、1回やったらおしまい、という類の仕事ではありません。彼らのプロジェクトへの関心と熱意を保ちたいのなら、定期的に連絡を取り合う必要があります。

連絡の頻度、そして共有する情報の詳細度は、そのステークホルダーがプロジェクトで果たす役割と、プロジェクトへの関わりの深さで変わってきます。いずれにせよ、ステークホルダーを巻き込み続けるためには、情報伝達のプランを作り、誠意と今後の見通しを定期的に伝えるようにするのが賢明です。そうやって、進捗報告の予定と、相手の助けが必要になりそうなタイミングをあらかじめ知らせておくわけです。

情報伝達プランを練る際は、次の5点を考慮しましょう。参考に **TOOL 03.2** をダウンロードしてください。

- ■ どのくらいの頻度で進捗を伝えるか（日／週／月／四半期など）
- ■ ステークホルダーからの情報やフィードバックは、どのくらいの頻度で必要か
- ■ どの程度まで詳しく（あるいはぼかして）情報を伝えるべきか。そのステークホルダーには、最低限どの程度の情報を伝える必要があるか
- ■ 相手はどのようなコミュニケーション手段を使っているか
- ■ コミュニケーション手段の好みはあるか（メール中心／直接会って話すなど）

Chapter05では、定期連絡の実例を紹介しながら、どうすれば余計な手間を増やさずにプロジェクトを進められるかをもう少し詳しく解説します。

情報伝達プラン

TOOL 03.2
Content Strategy

⬇ Tool_3.2_Communications_Management_Plan.doc

情報伝達プランを立て、ステークホルダーの気持ちを切らさない方法を考えましょう。プランにはさまざまなバリエーションがあるため、本章で紹介した内容もあれば、そうでないものもあります。自分の状況に合っているものを使ってください。

- ✔ プランはあまり細かく設定しすぎないようにしましょう。いちばんやってはいけないのは、あなた自身やステークホルダーに無駄な作業を強いることです
- ✔ テンプレートの中から、自分の状況に合っているものだけを使いましょう
- ✔ 連絡手段に何を使うかを必ずステークホルダーに伝えましょう。そうすれば先方も心の準備ができます（情報の更新が楽しみになる人もいるはずです）

▶ Project Management Docs [www.projectmanagementdocs.com]

乗船完了！
All aboard

ここまでの作業で、あなたはステークホルダーをピックアップし、彼らとプロジェクトとの関わりを明らかにしました。そして相手の立場になって考え、彼らをプロジェクトに巻き込む方法や、連絡手段の検討に入りました。

次章では、プロジェクトの目標を定め、彼らと足並みを揃えて、最高のコンテンツ作りの下地を整える方法を解説します。準備はいいですか？

Chapter 04

目標を設定し
チームを団結させる

ここで格言を一つ。「コンテンツストラテジー・プロジェクトは、まっすぐ進むとは限らない」。

プロジェクトの目標を定め、チームとして足並みを揃える作業は、はじめにやっておかなくてはならない仕事です。それは間違いありませんが、それはプロジェクトの途中で発生する仕事でもあります。途中で目標を設定し直す場合もあれば、最初にみんなで納得した目標を思い出してもらう必要が出てくる場合もあるのです。

しかし、そもそも最初に団結しておかなければ、団結し直すことも不可能です。だからこそこのステップは大切です。大変かもしれませんが、飛ばして先へ進むわけにはいきません。

キックオフ・セッションを準備する
Set the Table

チームが団結するためのワーキングセッションでは、その準備が成功のカギを握ります。ここで言う準備とは、次の3つを事前に検討しておくことです。1つ目は、適切な人を会議に集める「人選」。2つ目は、現状を把握し、そこから脱却して前進するための「進行」。そして3つ目は、ステークホルダーのプロジェクトへの思い入れを高め、熱心な参加者に変える「動機付け」です。

人選

適切な人材にプロジェクトのスタートから参加してもらうこと。これはおそらく、プロジェクトの初期段階で最も大切な仕事となります。そこで出番となるのが、TOOL 03.1 のステークホルダー・リストです。まだ作っていなかった人は、ここでドキッとしたことでしょう。

まずは適当な用紙を4分割して、横軸の左に［戦略担当者］／右に［実行者］を取ります。そして縦軸には上に［意思決定者］、下に［影響者］を取ってください。それが済んだら、リストにある人々を適切なマスに配置していきます。誰をセッションに呼ぶか、おそらく難しい判断を強

表 04.1 人選を考えるためのマトリクス

	戦略担当者	実行者
意思決定者	最大4人 プロジェクトの後援を含む	通常このマスに入る人はいないが、いた場合はセッションに招く
影響者	最大4人	最大4人

いられるでしょう。しかし、参加者は最大で12人に抑えてください。1人で場を仕切るには、最大で12人がギリギリです。一方でさまざまな役割やタイプのステークホルダーをまんべんなく揃えようと思えば、最低12人はほしいところです。それにこの人数なら、セッションが予定通りに終わった後、ちょっとしたグループ作業をするのにも向いています。

反対者も招きましょう。彼らを今のうちからプロジェクトに巻き込み、反対意見に真っ向から立ち向かうのです。意見が合わないとわかっている人を招くのを避けてはいけません。今は反対意見も募り、対応策を考えるべきとき。覚えておいてください。反対とは、あなたが見逃していたニーズのことなのです。

製品／サービス／提供物の専門家は、今回のセッションに呼ぶのは見合わせた方がよいでしょう。ただし、テクノロジーやCMS等の責任者は、招待を検討してもいいかもしれません。人数に余裕があれば、ユーザー代理も呼ぶと、オーディエンスを踏まえた議論ができるはずです。誰が今回の問題に対して言いたいことが多そうか、独自の意見を持っていそうかを考えましょう（もちろん、最後にはみんなで心から目標に納得する必要があります）。

右上の枠に当てはまる人、つまり実行者かつ意思決定者がいた場合は、彼らの役割とタイプをもう一度掘り下げて考えてみてください。この枠に入るのは、多くの場合、戦略担当者なのに現場の作業をしている人です。いてはいけないというほどではないですが、技術と専門知識を活用できるよう、実行者に徹してもらうか、逆に代表としての仕事に専念してもらう方が賢明でしょう。

進行

議事進行を考える上で最も肝心なのは、セッションで何を達成したいかを最初に決めることです。セッションの目標は、多くの場合、次のようなものになるでしょう。

> ■ プロジェクトの目標と規模について、全員の合意を取り付け、プロジェクト内での各人の役割など、今後プロジェクトが歩むステップを理解してもらう

このセッション目標を例に作成した進行表が 表04.2 です。また、 TOOL 04.1 は、その進行表作成ツールです。それぞれの議題を話し合う際のヒントや、記入用紙のテンプレートも入っています。議論を活発化し、セッションをできる限り有意義なものにするポイントは、この章の最後でも紹介します。話を先に進める前に、セッションの議題について、注意点をいくつか挙げておきます。

- 会議の冒頭で数分時間を取り、コンテンツストラテジーとは何かを説明しましょう

- これまでに行ってきた作業と、プロジェクトが承認を得た過程について概説しましょう。資金やリソースを得るときに使ったプレゼン資料が再利用できるはずです

- 自己紹介をおろそかにしてはいけません。全員が顔見知りのような小さい会社でも、チームや個人として接すれば、別の顔が見えてくるもの。大企業なら、同じ部屋に集まるのはこれがはじめてというメンバーもいるはずです

- 会議の締めでは、プロジェクトの進捗の知らせ方、また彼らに助言や意見を求めるタイミングについて、現時点でのおおまかな予定を伝えておきましょう

> **Hint**
> 会議が3時間以上かかりそうなときは、食事を用意しましょう。短い場合でも、コーヒーや軽食を出すのはよいアイデアです

表 04.2 キックオフ・セッションの進行表

議題	内容	時間
背景情報と基本ルール	プロジェクトとその招待理由、セッションの基本ルールを説明する	15分
自己紹介	名前と役職、参加理由を伝え合う	30分
個別作業と議論	記入用紙を渡し、担当の業務／部門／チームの目標、問題、チャンス、それらに対する私見を記入してもらい、そのあと全員で話し合う	30分
問題の切り出しと分類	ブレインストーミングを行い、プロジェクトが解決すべき問題を割り出し、種類ごとに分類する	45分
理想の割り出しと分類	ブレインストーミングを行い、プロジェクトがうまくいったら何がどう変わるかを割り出し、成果を種類ごとに分類する	30分
現実に即したブレインストーミング	ホワイトボードを半分に区切り、前の2つの作業を元にブレインストーミングを行う。そして「このプロジェクトは組織のどの問題に対処できそうか」と「現実的に何がどう変わり、改善されそうか」を割り出す	20分
目標の整理	ここまでの議論で割り出してきた課題、理想となる成果、現実的な成果や変化などを整理しながら、プロジェクトの目標を煮詰めていく	60分
ロードマップ作成	ブレインストーミングを行い、目標到達に必要なステップを見つけ、日程表の形でロードマップ化する。各参加者から、自分がどのステップにどういった形で関わる必要がありそうか、意見を募る	60分
まとめと次のステップの確認	セッションの成果をまとめ、次のステップを確認する	15分

CHAPTER 04: 目標を設定しチームを団結させる

目標共有セッションの進行表

Content Strategy
TOOL 04.1

⬇ Tool_4.1_Objective_Alignment_Session_Plan.docx

ツールには、議論の際のポイントやタイムテーブル、個々の業務や課題を書き込む記入用紙のテンプレートも入っています。

- ✓ 参加者の人となりを考えましょう。私はいつも、ワークショップでは付箋にメモを取ってもらいますが、中にはそのやり方を好まない人もいます。そんなときは、ブレインストーミングを行って意見を実際に口にしてもらうか、あなたが黒板やホワイトボードにメモを取りましょう
- ✓ ツールはかなり融通が利くように作ってあるので、あなたなりにカスタマイズしてください
- ✓ 各議題の所要時間は、議論を深めるのに必要と思われる時間を推測したもので、合計で約5時間を想定しています。こちらも状況に応じて調整してください

▶ Brain Traffic [www.braintraffic.com]

動機付け

セッションの参加者には、自分の頭脳が必要とされているという感覚や、評価されているという感覚、そしてぜひ参加したいという意欲を抱いてもらいたいですよね。そのためには、（可能であれば）セッションの前に個別の話し合いの場をもってプロジェクトを紹介し、その後、メールを送って会議に招待すると良いでしょう。 **TOOL 04.2** は招待メールのサンプルです。

その際、メールは一括ではなく個別に送ることをオススメします。これまでの経験から言うと、大事なメッセージはうまく書かないと招待の事実そのものに埋もれがちで、参加者は呼ばれた理由がわからず、結果、返信メールには「不参加」の文字が並ぶことになってしまいます。個別の話し合いや招待メールの作成は、次の6つの要素を入れながら、一定の流れに従って進めるようにしましょう。

- ■ **自己紹介**
  相手が顔見知りであっても、まずは組織内での役職を伝えましょう。コンサルタントなら、クライアントと相談しながらメールの文面を考え、メンバーに自己紹介します
- ■ **プロジェクトの概要**
  ステークホルダーが抱えている問題と、それを解決するチャンスという観点から、プロジェクトについて説明しましょう

Content Strategy
TOOL 04.2

キックオフ・ミーティング招待メール

⬇ Tool_4.2_Project_Kick-off_email.docx

下記のサンプルメールをダウンロードして、それを参考に文面を考えましょう

- ✓ 一括送信はしないように。相手に合わせてひと手間かけることが、後々まで効いてきます
- ✓ 文章のトーンを確認しましょう。こういったメールは、油断していると高圧的だったり、やたら堅かったりする文面になりがちです。送信する前に、声に出して読んでみましょう。直接話しかけるときとトーンが違っていたら書き直しましょう

渡邉様

お疲れさまです。佐藤です。
今日はイントラネット・コンテンツ全面刷新プロジェクトについて伝えるべく、
メールしました。

【プロジェクトの概要】
本プロジェクトの目的は、コンテンツの見つけやすさ、理解しやすさ、使いやすさを改善することです。我々の調査によると、従業員は現在、週に30分、コンテンツの検索に時間を費やし、結果として多くの従業員がサポートセンターに電話をかけ、答えが見つからない疑問について尋ねなくてはならない事態に陥っています。この問題が原因で、従業員の仕事の能率とサポートセンターの費用に多大な無駄が生じています。

【渡邉様の関わり】
そこで渡邉様には、今回のストラテジー・プロジェクトにスタートから関わっていただきたいと思っております。渡邉様は、従業員がサポートセンターにどんな電話をかけるのかよくご存知で、また〇〇様のチームは、補助コンテンツのスクリプトの記述にも習熟していらっしゃるからです。その力をお借りして、コンテンツを改善したいと考えた次第です。

【ワークショップについて】
各事業部の代表者を集めてワークショップを行います。イントラネットの担当スタッフ、人事部と従業員コミュニケーション部の責任者、サイト運営チームのマネージャーとともに、お話をうかがいたいと考えております。

ワークショップの目的は、プロジェクトの目標を明らかにすることです。そのために、ビジネス目標や従業員のニーズ、課題や障害について伺います。

招待メールは個別に送信しております。ワークショップの所要時間は約4時間で、あいだに何度かの休憩を挟む予定です。参加の可否について、事前にお知らせいただければ幸いです。

お忙しい中、お手間を増やして恐縮ですが、
ぜひご参加いただけますよう、よろしくご検討ください。

▶ Brain Traffic [www.braintraffic.com]

- ■ **招待理由**
  参加者それぞれに、参加を求める理由を具体的に伝えましょう。必要とされているという感覚を抱いてもらうのです
- ■ **チーム**
  他に招待しているメンバーとその招待理由を伝え、グループの中での立ち位置を理解してもらいましょう。全員の名前と理由を羅列する必要はありませんが、だいたいの顔ぶれはわかるようにします
- ■ **見通し**
  会議の簡単な内容と、どんなアイデアや意見が欲しいかを伝えましょう。そして、このプロジェクトの中で、相手にどんな役割を期待しているかを知らせます
- ■ **感謝**
  プロジェクトに力を注いでくれること、他に急ぎのプロジェクトや作業を抱えているなか、時間を割いて参加してくれることへの感謝を伝えましょう。そうすれば、相手も意気に感じるものです

キックオフ・セッションを開く
Kick off for clarity

コンテンツストラテジー・プロジェクトのキックオフに当たっては、自分をコンサルタントだと思ってください（たとえあなたが企業内の人間でもです）。コンサルタントの大事な仕事の1つは、物事を整理整頓すること。チームを団結させるためのセッションの目的は、それに尽きると言っても過言ではありません。

それを頭に入れたら、今度はコンサルタント＝司会進行役と、積極的な参加者役とを兼ねる力量が自分にあるかを確認します。経験豊富な司会者であれば、今回のような明確性が求められる話し合いでは、誰か外の人間（企業外の人間である必要はないですが、プロジェクトには関わりのない人物）に司会を任せたほうがよいと言うはずです。

もちろん、どうするかはあなた次第。議論の舵取りをしながら、自分の意見を言って結論に盛り込むのは難しいと感じるなら、同僚に司会を頼みましょう。別にコンサルタントがいるなら、その人に進行を任せてもよいでしょう。ここからは、会議進行の実践例とそのポイントをいくつか紹介します。

集団での合意形成とは

セッションに臨む際は、集団での合意形成がどのように成されていくかをあらかじめ理解しておかないと、議論が散漫になったときに慌ててしまいます。こういった話し合いでは、話の収拾がつかなくなりそうなタイミングというのが必ず訪れます。しかし実は、議論が大きく進展するのはその後なのです。

『Facilitator's Guide to Participatory Decision Making』〈会議司会者の手引き―集団での合意形成の仕組み〉の中で、著者のサム・ケイナーと旗下のチームは、「集団合意形成のダイヤモンド」という図を使い、この現象を説明しています。話し合いというものがどのように推移するのか、これを見るとかなり理解しやすくなるでしょう。

表04.3 集団合意形成のダイヤモンド

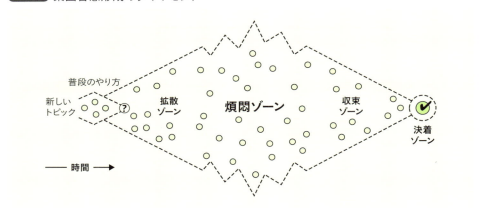

かいつまんで言えば、このダイヤモンドが言っているのはこういうことです。話し合いではまず、アイデアや意見がたくさん出ます。次に、激しい議論が交わされ、皆がああでもない、こうでもないと言い合う段階がやって来ます。意見がまとまるなど不可能だという雰囲気が漂い、誰もが苛立ちを募らせます。ところがその後、アイデアはまとまり始め、みんなの口から安堵の吐息が漏れるのです。TOOL04.1 の進行表は、この流れを考慮して作られています。

セッションの基本ルール

これから紹介する基本ルールは、今さらというような当たり前のものばかりですが、それでも改めて確認しておくに越したことはありません。故意にしろ偶然にしろ、違反があるからこそルールも存在するわけですから。私が普段、ワークセッションで課しているルールは次の6つです。

- ノートパソコン、携帯電話は禁止（進行に必要な場合を除く）
- 他の人の話を遮らない
- すべての意見を受け入れる。ブレインストーミングでは、悪いアイデアは1つもない
- 意味がわからないときは、詳しい説明を求めてOK
- 誰もが話し、誰もが聞く
- 余計なおしゃべりはなし

状況次第では、これらのルールをすべて適用する必要はないでしょうし、別のルールを加える必要も出てくるでしょう。議論が脱線したときは、状況に合わせて適宜ルールを加えてください。

議事進行のテクニック

セッションの司会進行を務める人物というのは、人間の身体で言えば、色々な体組織をつなぐ結合組織のようなものです。さまざまなテクニックを駆使しながら議論を活性化し、点と点を結びつけ、アイデアを打ち出し、意見が一致した／していない部分を明らかにするのが仕事です。ここでは、そのためのテクニックをほんの少しだけ紹介しましょう。

1 | 言い換え

言い換えとは、参加者の意見をあなたがしっかり聞いていたとアピールしつつ、他の参加者の理解を深める行為のことです。意見をわかりやすい言葉で言い換え、言っている内容を全員に理解してもらいましょう。「おっしゃっているのは○○○○ということですか？」などのフレーズが効果的です。

2 | 代弁

ステークホルダーはときに、アイデアがうまく形にならず、説明をやめて意見を引っ込めてしまうことがあります。そんなときこそ司会者の出番。まずは言い換えを駆使して相手の意図を確認してから、「では、例を挙げるならどんな場面が考えられますか？」とか、「もう少し詳しく教えてください」という言葉で続きを促しましょう。

3 | 軌道修正

おそらくほとんどの人が、会議の場でいきなり複数の会話が同時に始まる経験をしているはずです。単なるおしゃべり（基本ルール違反！）が始まっただけのこともありますが、問題点を別の

側面から真剣に検討した結果、会話が枝分かれしている場合もあります。どれも重要な意味を持っている可能性が高いので、司会者としては、何ひとつ聞き逃したくないところです。そこで、議論が枝分かれしたことに気づいたら、こう言いましょう。「少々議論が散漫になってきたようです。ここは1つずつ順番に問題点を話し合いませんか。そうすれば、大事なポイントを逃さずに済みます」と。

4 | 沈黙

沈黙はひどく気まずく感じることでしょう。しかし実は、沈黙は効果的なテクニックでもあります。使い道はいくつかあります。たとえば、参加者に考えを整理してもらいたいときは、無理に沈黙を埋めようとしない。あるいは何か特別なことが起こったとき、たとえば誰かが抜群のアイデアを出したときや、絶対にまとまらないと思えた意見がまとまったときも、一拍置くのが有効です。単に休憩が必要なときもあります。「どうでしょう、みなさん1分ほど口を閉じて、話し合ってきた内容をそれぞれ咀嚼してみませんか」と言うのは、一向にかまわない話です。

「同意が得られる」の意味とは

そもそも、足並みを揃えるためのセッションは、皆の同意を得ることが唯一にして最大の目的だったはずですよね。その際、忘れてはならない大切なポイントがあります。それは、「同意が得られる」や「足並みが揃う」とは、必ずしも、全員が決定事項に100パーセント納得している状態を指すわけではないという点です。同意とは、全員の話し合いによって目標を設定し、そこへ向かって「歩み始めることに同意する」という意味なのです。

同意は、自分の意見が聞き入れられ、検討されたと参加者全員が感じたときに得られます。心からそう感じたステークホルダーは、きっとプロジェクトを支持し、熱心に取り組む参加者になってくれるはず。そうした支持者こそ、プロジェクトの成功に不可欠な存在です。

足並みが揃ったら次へ！
Aligned and ready

さあこれで、あなたの下には今、プロジェクトの目的に同意したステークホルダーたちが揃いました。予想外の仲間や支持者が増えた、つまり何人かの反対者が賛同者に変わった人もいるかもしれません。次章では、プロジェクトを管理する際のポイントを紹介し、どうすればステークホルダーの意欲を保てるか、プロジェクトを順調に進められるかを解説します。

Chapter 05
プロジェクトを
取り仕切る

さて、そろそろプロジェクトを始動させるときです。私が思うに、コンテンツストラテジー・プロジェクトを取り仕切る上で重要な要素は、3つあります。「準備」「計画」「実行」です。そのそれぞれが、プロジェクトの成功に欠かせない役割を担っています。

プロジェクトで実働するのは誰か、定期的に連絡を取るべき人物は誰かを考えましょう。仕切りの手腕にどれだけ繊細さが求められるかは、誰がプロジェクトに関わっているかで決まってくるからです。

たとえば、私がこれまで取り組んだプロジェクトの中には、定期連絡が必要な人物がクライアント側の担当者1人だけというものがありました。プロジェクト管理に要する労力は、最低限でよかったのです。というより、それぞれの作業の期日を記した箇条書きのリストがあれば十分でした。作業の成果そのものが、進捗を知らせるレポートの代わりになっていました。そのため、プロジェクトを通して緊密な関係を保つことができました。

もちろん、規模や活動、参加者数、巻き込んだステークホルダーの人数などの点で、もっと複雑なプロジェクトもあります。その場合は、正式な進捗レポートや報告ミーティング、本格的なレビュー、そして主な成果のエグゼクティブサマリー作成などが必要になるでしょう。

プロジェクトの準備をする
Preparing

> **Hint**
> 参加者、予定の未確定部分、成果などの数が多い複雑なプロジェクトの場合、専属のプロジェクト・マネージャーに全力で頑張ってもらわなければ、すべての要素とステークホルダーをきちんと管理するのは難しいと思ってください

ちょっとした手間が後々で効いてくる。オーケー、わかってます。同じことを前章でも言いました。しかし、これは真実です。私の本業はプロジェクト・マネージャーではありませんが、数多くの優秀なプロジェクト・マネージャーと仕事をしてきた経験はあります（ときには、あまり優秀でない人とも）。そしてその過程で、彼らから有益なツールやテクニックをいくつか学び、今では自身のプロジェクト管理に活用しています。

プロジェクトのセットアップ

最初のツールは、簡単なチェックリストです。これを使って、考慮すべき事項、計画に含めるべき事項を洗い出します。私がお世話になっているのは、スモール・カンパニーの創業者、エミリー・スモールが作成したリスト。かつて、彼女が管理するプロジェクトではじめて一緒に働いたときに目にしたものです。その詳細は **TOOL 05.1** を参照してください。

チェックリストは、コンサルティング会社や代理店の目から見た、コンテンツストラテジー・プロジェクトの進め方という形になります。とはいえ、微調整をすれば内部のプロジェクト・マネージャー向けのものにすることも可能でしょう。いずれにせよ、チェックリストでは、プロジェクトを進める上での検討事項、そしてプロジェクトの立ち上げと進行に必要な作業を列挙します。そのうちいくつかについてもう少し具体的に解説しましょう。

Content Strategy
TOOL 05.1

プロジェクト準備のチェックリスト

⬇ Tool_5.1_Project_Preparation_Checklist.doc

プロジェクト開始前に考慮すべき検討事項を網羅的に確認して、状況を追跡しましょう

- ✔ あなたが企業内の人間の場合、代理人／コンサルタントから送られてきたチェックリストを鵜呑みにしないこと。あなたが微調整しないと、実情にそぐわないということになりかねません
- ✔ リソースや予算、日程といった項目の作成では、ステークホルダーとの会話や検討の過程で思いついたことをメモしましょう。プロジェクトの流れを振り返る際に参考になります

► Emily Small, The Small Company [www.thesmallcompany.com]

1 | 検討事項

プロジェクトの設計段階で検討すべき項目としては、次のようなものが考えられるでしょう。

- プロジェクトで働くのはだれか。また、それぞれどのくらいの時間を費やしてもらうことになりそうか
- プロジェクト完了の期日はいつか。また、その途上でクリアすべき小目標は何か
- 小目標のクリアで得られる結果、もしくは成果は何か
- 予算はどのくらいか。企業内プロジェクトの場合、総計でどのくらいスタッフの作業時間の投入を考えているか
- 結果や成果のレビュー、または承認のプロセスに関わるのは誰か
- 特別なツール（Basecampなどのファイル共有／コミュニケーション・サービス）、機器（下請け業者用のノートパソコン）、許可（Google AnalyticsやCMS、そのほか承認が必要なツールの使用権）はあるか
- 進捗を報告すべき相手は誰か。またどれくらいの頻度で報告すべきか

2 | タスク

この段階で行うべきタスクとしては、次のようなものが考えられます。

- プロジェクトチームのメンバー（外部メンバーを含む）を決める
- 戦術会議キックオフのスケジュールを立てる（あなたがコンサルタントの場合または外部からメンバーを招聘する場合は、1回では足りないこともある）
- 最初のミーティングで話し合うアジェンダ（論点）を用意し、周知する
- プロジェクトチャーターを作成し、最初ミーティングで取り上げる
- 予算管理担当者を決め、システムを構築する（金額と時間、または両者を組み合わせて管理するもの）
- プロジェクトチームに必要なツールを用意し、承認を得る。また、必要な機器を手に入れるための手順を踏む

> **Hint**
> 「プロジェクトチャーター」については次のページで詳しく解説します

共通認識の確立

2人以上の人間が関わるプロジェクトを取り仕切る際には、プロジェクトにおける「絶対の真実」を用意し、誰もがそれを参照できるようにしておかなくてはなりません。プロジェクトが始動したそばから脱線してしまうことはよくある話で、その原因もさまざまです。目標が誤解されていたり、期待される成果がきちんと定まっていなかったり、ちょっとした作業の遅れが雪だるま式に積み重なったり、重要な決断が口頭で済まされてしまい、メンバーに周知されていなかったりと、多岐にわたります。

この「絶対の真実」には、いくつかわかりやすい呼び名がついています。私はよく「プロジェクトチャーター（憲章）」と呼んでいます。デジタル・プロジェクト管理のすばらしい専門家で、『Interactive Project Management: Pixels, people, and Process』（双方向的なプロジェクト管理——ピクセル、ピープル、プロセス）の著者でもあるナンシー・ライオンズとミーガン・ウィルカーは、「プロジェクト・マネジメント・プラン」と読んでいます。 TOOL 05.2 はそのテンプレートです。

Content Strategy
TOOL 05.2

プロジェクト・マネジメント・プラン

⬇ Tool_5.2_Project_Management_Plan.pdf

プロジェクト計画書を作成しましょう。あなた自身の状況に合わせた微調整が必要です

- 最初のミーティングでは、計画書をはじめから終わりまで読み通しましょう。その後の会議では、タイミングや状況に応じて該当する箇所を適宜参照しましょう

- 読み終わったら、チームのメンバーが内容を掴めているかをざっと確認しましょう。たとえば、「では、レビューの手順について書いてあるのは何ページでしょうか」と訊いたり、手順について簡単な質問をしてみましょう

- 計画書には、プロジェクトの成果一覧のページを用意し、プロジェクトの進行に合わせて随時内容を更新するようにしましょう。または、メンバーにとってわかりやすい掲示板のようなものを用意し、そこに記載するようにしましょう

- 計画書の内容に重要な変更があった場合は、履歴を残しましょう。書き換え方のルールを決めておき、バージョンごとに文字色を分けるなど、変更箇所がすぐわかるようにしましょう

▶ Nancy Lyons and Meghan Wilker, Clockwork (www.clockwork.net)

呼び方や文書化の形式はなんでもいいのですが、プロジェクトチャーターは、次の7点について明記されていなければなりません。

1 | プロジェクトに対する理解

まず、現状／プロジェクト立ち上げの理由／目標（Chapter04のワークセッションで合意したもの）を記載します。

次に、プロジェクトの規模／期待される成果／結果の簡単な概要を示します。あなたが代理人やコンサルタントの側だったなら、あなたの仕事を紹介するのもよい出発点です。ただし決めた内容に変更があった場合は、必ずチャーターに反映させます。さらに、現状での想定／リスク／成功の要件を書き込みます。

> ■ 現時点では、〈会社〉がサイトのインベントリ（目録）を完成させ、〈代理店〉がそれを使って監査を行うことを想定している
> ■ 現時点では、〈会社〉が監査用のリソースを持っていないというリスクがある
> ■ インベントリの完成には、〈オンラインツール〉の購入の承認が必要である
> ■ インベントリの作成と監査には、ほかに〈Xプロジェクト〉と〈Yプロジェクト〉という2つのプロジェクトが必要になる

2 | 用語集

コンテンツストラテジー・プロジェクトでは、同じ言葉やフレーズを、色々な人が別の意味で使っているという状況に出くわすことでしょう。たとえば「情報アーキテクチャ」という言葉は、ある人にとっては、どのページがサイトのどこにあるかという「サイトマップ」の意味になり、別の人にとっては、データや情報の「サーバー内での格納場所」という意味になっている場合があります。ある言葉を全員が同じ意味で使っていると思っているとしたら、その考えは間違っていますし、考えを改めないと後で痛い目を見ます。

こうした認識の差を解消するには、チャーターやマネジメント・プランに用語集を入れ、プロジェクト内での定義を明らかにしておくとよいでしょう。

たとえば私が以前携わったDrupalを使ったサイト制作プロジェクトの場合、Drupalにおける「モジュール」という用語は、私が用いている意味とは異なっていました。開発チームとは当初、会話が噛み合わず苦労しましたが、それは「モジュール」という言葉の使い方がばらばらだったのが理由だったのです。

Hint

私は、プロジェクトによっては、プロジェクトチャーターによって、これまでの成果や日程の変更、下された決断を確認しています。情報を一箇所に集約し、プロジェクトの見通しが時間とともにどう変わっていったかを確認できるようにしておくと、クライアントにとっても、私にとっても便利なのです

Key Words

Drupal
オープンソースのコンテンツ・マネジメント・システム（CMS）。世界的に広く用いられている

3 | 日程表

現時点では、事細かに書き込まれた日程表は必要ありません。私がふだんチャーターに書き込むのは、プロジェクトの開始日、終了日、節目となる日時とそのあいだの期間（たとえば進捗のレビューに要する期間など）だけです。後でより詳しい日程表を書き上げたら、それをチャーターに付け加えれば（あるいはメンバー全員がアクセスできる場所へアップすれば）大丈夫です。

4 | 予算

私は予算についても、簡単な情報をチャーターに載せた方がよいと思っています。その方が、プロジェクトの規模をメンバーが把握しやすくなるからです。ただしこれまでの経験では、予算はあまり大っぴらにしたくないとのクライアントの判断から、チャーターに載らなかったことも多くありました。どうするかはあなた次第です。

プロジェクトで行う作業の大半を外注に出しているようなら、予算の総計を載せるくらいでよいでしょう。社内プロジェクトの場合は、チームやメンバー各人の予想拘束時間を列挙しておくことをオススメします。外注も社内作業もあるプロジェクトなら、両方を記載しましょう。

予算の管理方法、あるいは作業期間の延長や予算追加の要請があった場合の対応も明記しておきたいところです。そのため予算の項目は、だいたい次のような形になるでしょう。

- 本プロジェクトの予算は、〈外注費〉については〇〇ドルで、ここには〈依頼する仕事の内容〉を完了するための資金が含まれます。今回は企業内のリソースも使用する予定で、チーム1は〈200時間〉、チーム2は〈40時間〉、チーム3は〈68時間〉の作業を予定しています

- 〈外注者〉には、完了した作業と予算残額のサマリーを毎週提出してもらいます。また社内担当者にも、毎週、何時間をプロジェクトに費やしたかを報告してもらいます。期間や予算の追加申請については、毎週の報告ミーティングで検討します

5 | プロジェクトチーム

チャーターは、プロジェクト参加者や、彼らに期待することを明示するのにも使います。ステークホルダー・リストと同じような表を作るわけですが、ここでは人数は減り、内容はもう少し詳細になります。ここではステークホルダー全員を列挙せず、プロジェクトに日々携わるメンバーだけを記載することになるでしょう。

まず、メンバー名（私はいつも役職を併記しています）と作業内容を列挙します。作業管理／活動のスケジューリングと準備／作業実行／作業レビュー／ステークホルダーからのフィードバックとレビューのすり合わせ等々……。表05.1 は、そうしたプロジェクトチームメンバー一覧表の例で、メンバー名と期待する役割を一覧化しています。

表05.1 プロジェクトチームと役割のリスト

活動	田中洋介 マーケティング・マネージャー	鈴木香奈 コンテンツ・マネージャー	渡邉祐太 コンサルタント・リーダー	佐藤幸子 コンサルタント
問題とチャンスの発見				
ステークホルダーへのインタビューの設定			◎	
ステークホルダーへのインタビューの実施			◎	◎
ステークホルダーとともに現在ある資料の収集	◎			
コンテンツのインベントリを作る		◎		
戦略目標サマリーを用意する			◎	◎
サマリーのレビューを行う	◎	◎		
ステークホルダーによるフィードバックとレビューをすり合わせ、評価をまとめる	◎			

6 | レビュー

チャーターには、プロジェクトで行う活動の成果をどう評価するか、というレビュー方法についても簡単に記しておきます。経験上、レビューを行う外部の人間にとっていちばん大切なのは、どういった形でフィードバックを受け取りたいかをはっきり示すことです。

私の場合、まずはクライアント側で集まった意見をすり合わせ、まとめてからこちらに渡してほしいとチャーターに明記します。矛盾する意見があった場合、これを解消した上で、最終フィードバックを渡すようクライアントにお願いするわけです。もちろん、必要であればこちらもすり合わせに力を貸すと申し出ます。ステークホルダーのやる気をキープする機会になりますし、作業の過程で、未知のニーズや目標が見つかる場合もあるからです。

レビューのツールや手順について記載することもあります。たとえばBasecampを使い、ファイルを随時アップロードする形でプロジェクトを進めようと考えているのなら、そのことをここで伝えます。

7 | コミュニケーション

メンバーに最新の進捗状況を伝えるタイミングとその方法を記載した項目も必要です。 `TOOL 03.2` の情報伝達プランをダウンロードした人は、すでにコツがつかめていることでしょう。オススメは、伝達手段／対象／頻度を箇条書きで記載する方法です。例を挙げましょう。

- 進捗レポートは、毎週水曜日にBasecamp上で行います
- 報告ミーティングは毎週水曜日に行います。〈チームのメンバー〉から通知が届くので、ミーティングの議題と参加必須メンバーを確認してください
- エグゼクティブサマリーは担当チームが月に一度作成し、完了したタスク／実行中のタスク／必要なフィードバック等をお伝えします

プロジェクトの計画を立てる
Planning

計画については、ここまで話してきた準備の項と重複する部分が多くあります。そこで、日程表と予算について、掘り下げて解説することにします。

タイムライン（日程表）

日程表で何を伝える必要があるかは、それを見る人物と目的で変わってきます。私の考えでは、日程表には2つのタイプがあります。

1つ目は、非常に簡単な日程表。これで示すのは、プロジェクトのフェーズ／重要なチェックポイント／終了日などで、どちらかと言えば、プロジェクトに日々携わるわけではないステークホルダー向けと言えます。いつ、何が起こるのかの全体像を最低限示したのがこちらの日程表です。

私はよく、パッと見て理解できるよう、 表05.2 のような簡単なチャートを作るようにしています。あるいは、 表05.3 のようなシンプルな表でもかまいません。

表05.2 全体像を俯瞰した日程チャート

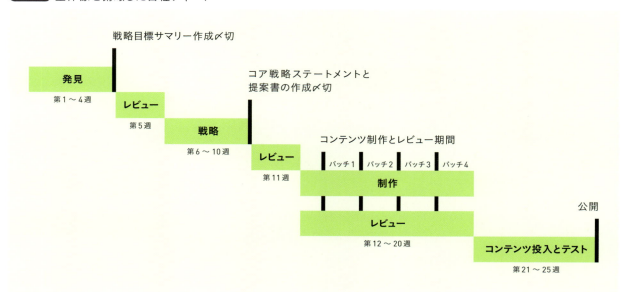

表05.3 全体像を俯瞰した日程表

活動／成果	期間	責任者
問題とチャンスを発見（ステークホルダーへのインタビュー／資料のレビュー／ワークショップ）をし、戦略目標サマリーを作成する	1〜4週	弊社
戦略目標サマリーのレビューを行い、フィードバックを返す	5週	クライアント
コア戦略ステートメントと提案書をまとめる	6〜10週	弊社
コア戦略ステートメントと提案書のレビューを行う	11週	クライアント
コンテンツの大枠を作成し、コンテンツを執筆し、両者のレビューを行う	12〜20週	弊社
コンテンツをCMSに入力し、テストする	21〜25週	弊社＋クライアント
公開	25週	クライアント

> **Hint**
> プロジェクトの日程計画を立てるときは、現実的になりましょう。甘い見積もりは厳禁。焦ってこなしたプロジェクトが成功することはまずないですし、はじめてコンテンツストラテジーを用いたプロジェクトだったなら、戦略の価値を示すこともできません。最初は常に、余裕を持たせて期間を設定するのが賢明です。早く終わらせろとせっつかれた段階で、改めて調整すればよいですから

> **Hint**
> 「戦略目標サマリー」についてはChapter10、「コア戦略ステートメント」についてはChapter11で詳しく解説します

2つ目はもう少し詳しい日程表で、こちらは日々プロジェクトに携わるメンバー向けです。表にはプロジェクトの各フェーズ／活動／タスク／ときにはサブタスクまで書き込みます。そして作業担当者／作業日時を明記します。Microsoft Projectを使ったことがある人なら、どういうものかイメージできるはずです（私自身は使ったことがないのですが）。

私はたいていExcelで作るようにしています。GoogleドキュメントにもProjectSheetというアドオンとSmart Sheetというオンラインアプリがあるので、それをテンプレートにしてプロジェクトの計画を立ててもよいでしょう。色々試して、しっくりくるものを見つけてください。TOOL 05.3 はExcelベースのテンプレートで、こちらもエミリー・スモールから学んだものです。

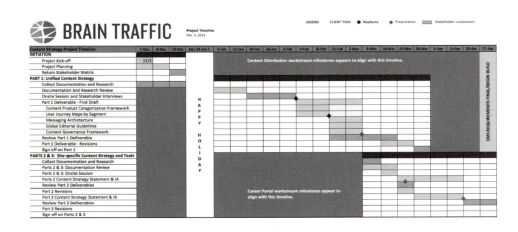

詳細日程表

⬇ Tool_5.3_Detailed_Timeline.xlsx

本章の指示に従い、あなたなりのタイムラインを作りましょう。

- ✓ プロジェクトをいくつかのフェーズに分割し分かりやすくしましょう
- ✓ 発見フェーズは想定より時間を要します。1～2週間の余裕を持たせて期間を設定しましょう
- ✓ 成果のレビューのフェーズも、必要だと思う期間よりも長めに設定しましょう
- ✓ 小目標へ期日通りに到達できなかった場合に備え、その後の予定のずらし方をメモしましょう

▶ Emily Small, The Small Company (www.thesmallcompany.com); and Brain Traffic (www.braintraffic.com)

Content Strategy
TOOL 05.3

予算

プロジェクトの予算管理は、個人的には最も憂うつな仕事です。私はただ、自分にできる最高の仕事をしたいだけで、そのためにはどれだけ時間がかかってもかまわないと思っています。ところが、会社やクライアントがいちばん気にするのはそこではないことが多いのも事実ですよね。

大切なのは、頭が痛くなるような思いをせず、それでいて必要な情報は得られる方法を見つけ出すことです。次の3つの例の中から、使えそうなものがあれば試してみてください。

1｜料金固定型プロジェクト

料金固定型プロジェクトでは、代理店やコンサルタントが、実行する仕事内容に合わせて一律の料金見積もりを提示します。依頼側は、提供される仕事の価値に対して料金を支払うわけです。この場合、その料金を平均時給で割れば、プロジェクトにどれくらいの時間をかけられるかがわかります。ここから、各作業や成果達成にかけられる時間が算出できます。クライアントは作業時間などさして気にかけませんが、実行者側はそうも言っていられませんよね。

2｜時間請求型プロジェクト

時間請求型プロジェクトでは、プロジェクト完遂までの所要時間を見積もり、実働時間に応じて料金を請求します。こちらも各作業に一定の期間を割り当て、期間内の完了を目指さなくてはなりません。しかしときには、取りかかってみたら思っていた以上に複雑で、時間のかかる作業だ

ったという事態も起こりえます。

そのときはクライアントと相談し、コストを増やして予定していたとおりに作業を終わらせるか、それとも作業の規模を縮小して予算の方を維持するかを決めなくてはなりません。いちばん大切なのは、その話し合いの場をできるだけ早めに持つことです。ビジネスの場では、サプライズを歓迎する人はまずいませんから。

クライアントの側にも、決めなくてはならないことがあります。追加予算が用意できないのなら、規模を縮小する方法を考えるほかありません。逆に用意できるなら、本当にそれだけの価値がある作業かを検討する必要が出てくるでしょう。

3 │ 非金銭型の内部プロジェクト

社内プロジェクトの場合、使われる予算はスタッフの時間ということになりますが、費やした時間を記録するべきか、するならどんな方法を採用するかを決める必要が出てきます。私は、記録することをオススメします。次のプロジェクトの計画を練るときの参考になりますし、プロジェクトの成功度を測る際、ROIを算出するのが簡単になりますから。

企業によっては、プロジェクトや作業に費やした時間を記録するシステムがある場合もあり、このときはやや楽です。ない場合は、共有型スプレッドシートのようなシンプルなツールを使って、チームメンバーに毎週の作業時間を記録してもらう方法があります。

プロジェクトを実行する
Doing

どのプロジェクトも、1つとして同じものはありません。つまり、含まれる活動はそれぞれに異なります。ただし共通する要素もあります。ここではそれについて解説しようと思います。

進捗レポート

これはとても大切です。基本を守りさえすれば、さして難しい仕事ではありません。私のオススメは、メールで簡単に報告し、別の場所で詳しいフォローアップをするという方法。フォローアップは、チャーターにプロジェクトの経過報告書を添付する、あるいは誰でも必要に応じて見ら

れる場所に記事をアップするなどのやり方が考えられるでしょう。

毎日プロジェクトに携わる参加者には、次の5点を知らせるようにしましょう。

- 先週は何をしたか
- 今週は何をするか
- 予定通りに進んでいるか／遅れているならその原因は何か
- 誰かに訊きたいことはあるか
- 次の小目標は何か

報告ミーティングとワーキングセッション

私はたいてい1週間に1度、クライアントと1時間のミーティングを予定に組み込んでいます。ただし、必要がなければ行いません。こうした会議は、レポートで出た質問の回答を考えたり、日程や予算について話し合ったりするよい機会になります。

あるいは、会議が本格的なワーキングセッションになることもあります。その場合は、進行中の作業についてじっくり話し合ったり、ときには一緒に作業をしたりもします。そう、私も実際にそうやってプロジェクトを進めているんです。

以前は、クライアントに協力を求めるのは、コンサルタントとして弱みを見せることだと思っていました。けれどそれは間違いでした。相談すると、クライアントは喜んでくれるのです。社内チームでも、同じことが言えるんじゃないでしょうか。

サラ・ワクター・ボーチャーの2014年のプレゼンテーション「みんなで一緒に—コンテンツストラテジーの共同策定」によれば、コンテンツストラテジーの問題やチャンスに一緒に取り組むことには、いくつかのメリットがあります。中でもとりわけ重要なのが、共通認識が生まれること。そして共通認識があれば、自然と連帯感や仲間意識が芽生えます。

だから、現状を明らかにすることを怖がらないでください。きっと大丈夫です。

プロジェクトは動き始めた！
Run project, Run

この章は、読んでいて少し疲れる内容だったかもしれません。しかし後になれば、きっと「やっておいてよかった！」とありがたみを感じるはずです。成功するのは、仕切りのしっかりしたプロジェクト。そしてしっかり仕切るには、少し余計に手間がかかるものなのです。

これで、プロジェクトの成功へ向けた舞台は整いました。あとは待望の戦略策定に邁進するだけです。この後の何章かでは、あなたの（もしくはあなたのクライアントの）ビジネスやオーディエンス、コンテンツに関わるあらゆる側面について解説します。そして、本当の意味でオーディエンスのためになると同時に、ビジネス目標が実現する、緻密かつ有意義なコンテンツ戦略策定の知識を仕入れていきましょう。

Part 3

戦略のための
リサーチを行う

Dig in and get the dirt

コンテンツストラテジー・プロジェクトを成功させるにはしっかりした土台が必要ですが、その土台はビジネスの目標とユーザーのニーズ、そして現実に深く根ざしたものでなくてはいけません。PART3は発見と分析のフェーズです。ステークホルダーについて深く学び、彼らの視点から考えることではじめて、コンテンツストラテジーを効果的に策定・実行し、企業やクライアントが求める結果を出せるようになります。

PART3では、まずステークホルダーとともに、ビジネス目標を確認しましょう。次に、リーチしたいオーディエンスの情報を集めます。そうやって、ビジネス目標や環境、ユーザーのニーズ、期待などをきっちり理解したところで、現在のコンテンツの状態を把握する段階に入ります。
そして最後に、それらをまとめたサマリー（概要書）を作り、誰もが納得できるプロジェクトの戦略的方向性と目標達成へ向けた道筋を示します。

Chapter 06
ビジネス環境を理解する

Chapter 07
オーディエンスとユーザーを理解する

Chapter 08
コンテンツを理解する

Chapter 09
ピープル・プラン・プロセスを見直す

Chapter 10
集まった情報をまとめる

Chapter 06
ビジネス環境を理解する

先日、とあるクライアントへこんな質問をぶつけてみました。「御社では、製品化にどのようなプロセスを採用していますか？」と。すると向こうはしばらく押しだまり、それからこう答えました。「どうしてそんなことを聞くんです？ こちらはただ、コンテンツを改善してもらいたいだけなんですが」。

向こうはこちらの質問に身構えたわけでも、不快になったわけでもありません。私がなぜそんなことを気にするのか、本当にわからなかったのでしょう。たしかに、コンテンツを作ったり、コンテンツを中心にした体験を生み出す人が、こうした部分を気にすることはあまり多くありません。しかし、ウェブサイトやアプリケーションがめちゃくちゃな理由の一端は、実はそこに隠されているのです。

つまり、コンテンツについて戦略的提案を行うには、ビジネスを理解する必要があります。そこを把握できていなければ、たとえ解決策を示したとしても、それがビジネス目標への到達に寄与することはないでしょう。

私は何も、学校へ通ってMBAを取れと言っているのではありません。まず真っ先に、会社やクライアントのビジネスを理解しよう、と言っているのです。どのようにしてお金を生み出しているのか、何にお金を使っているか、製品・サービス・提供物を届けたいユーザーは誰なのか、業務の法的要件や規制は何か、市場をどう捉えているのか、競合他社と差別化できる／優れている部分はどこか、そして、ビジネス判断に影響する外的要因は何か……。

ここからの4つの章では、ビジネス、ユーザー、コンテンツ、そして企業内の人とプロセスについて、あらゆる情報を集めていきます。最後のChapter10では、こうして集めた情報をまとめたサマリー（概要書）を作成し、提案を行うための土台にします。

何を調査すべきかを明らかにする
Define the inquest

この段階でやるべきことは、要は調査や視察のようなものです。そう聞くと、なんだか複雑で、面倒くさくて、根気が要りそうな仕事に思えますよね。たしかにそうかもしれません。ですが、社内プロジェクトなら、内部のことはよく承知しているように思えても、その認識が正しいのか検証し、足りない知識を埋めなくてはなりません。コンサルタントなら、おそらく学習曲線はもっと急なカーブを描くでしょう。どちらにしろ、やってみると意外に楽しいですよ！

本書では、ビジネスについて知るべき事柄を、2つのカテゴリーに分類します。内部要因と外部要因です。この分け方以外はないと言うつもりはありませんが、解説はこの分類に従って進めます。ほかには、ストラテジャイザーが提唱したビジネスモデル・キャンバスも便利でした。

Content Strategy TOOL 06.1

ビジネスモデル・キャンバス

ビジネスモデル・キャンバスを使って情報を集め、企業がどのようにお金を生み出し、お金を使っているのかを把握しましょう。

- ✓ A4用紙にプリントアウトし、知っている／知っていると思っている情報を書き込みます。その後、面談やワーキング・セッション等を行って情報を検証します
- ✓ 自身のプロジェクトに合わせて、適宜必要な項目を付け足し、キャンバスを自分用にアレンジしましょう
- ✓ キャンバスはチームメンバーや関係者にも作ってもらい、ビジネスモデルについて皆の見解が一致しているかどうかを分析しましょう

▶ Strategyzer [strategyzer.com]

内部要因

内部要因とは、企業や組織がある程度コントロールできる部分を指します。ビジネス判断や行動は、多少はコントロールできない外部要素から影響を受けるかもしれませんが、最終的にどう動くかは企業側で決めることですよね。

内部要因を、さらに4つのグループに分割しましょう。提供物／顧客／収入／支出です。読む人によって、それぞれの言葉が指すものは多少違ってくるかもしれませんが、それはそれでOK。肝心なのは「自分の戦略的提案は実情に即している」と自信を持って言えるようになるまで、情報を集めることです。

1 | 提供物

提供物とは、製品やサービス、あるいはその他の商品（メディアの場合なら、発信するニュースなど）、つまり企業や組織が顧客やクライアントに提供するものです。なかには、非営利組織のように、顧客やクライアントに提供物を無償あるいは安価で提供する場合もあります。

- 企業（組織）が提供する製品、サービス、その他の商品は何か
- 提供物にはどんな歴史があるか（発売開始年／発売経緯など）
- 提供物のライフサイクルはどのくらいか（発売年数／販売継続を判断する要因など）
- 提供物は市場のどんなニーズを満たしているか
- 提供物の価値提案とは何か
- 企業はどれくらいの頻度で新しい提供物を作っているか
- 新しい提供物を売り出す際の基準は何か
- 提供物が市場に出るまでの期間はおおよそどれくらいか
- 提供物の翌年の売上目標はどれくらいか

2 | 顧客

顧客とは、企業が提供する製品やサービス、その他の商品を現時点で使っている人たち、そして使ってもらいたい人たちです。顧客は、内部要因であると同時に外部要因でもあります（後者については後ほど）。内部要因としては、企業が誰をターゲット顧客に定めるかという部分が重要になります。

- ターゲット顧客は誰か
- ターゲット顧客はどのセグメントに入るか
  （収入レベル／住所／性別／学歴／支出／サービスの利用頻度／出自など）
- 既存の顧客ベース、また見込み客ベースの大きさはどれくらいか
- 各セグメントの優先順位はどうなっているか
- 提供物が解決する顧客の問題とは何か
- 既存顧客や見込み客とどのように情報をやりとりする、または情報を提供しているか
- 翌年の顧客獲得／維持目標はどれくらいか。

3 | 収入

一般企業と一部の非営利組織の場合、収入は、提供物を売ることで得られます。多くの非営利組織では、寄付や助成金、会費（通常、会費を払った人には何らかの提供物が渡されます）などが収入源となります。

- 組織は提供物をどうやって売っているか（BtoCか／BtoBか）
- どのチャネルを使って提供物を売っているか
  （店舗での販売やサービス提供／オンライン／セールス電話など）
- 対象となるマーケットはどこか。そこを優先した理由は何か
- 複数チャネルで販売している場合、売上が最も大きく、優先順位が高いのはどこか
  （ユーザーを最も集めているのは本サイトか／SNSのアカウントか。
  ターゲット・オーディエンスがよく使うのは携帯アプリか／PCサイトかなど）
- 販売スタッフや補助販売員などにどのような教育を施し、
  彼らは製品についてどこまで語れるようになっているか
- 不労収入はあるか（印税やサービス契約料など）

- 提供物の販売サイクルはどのくらいか
  （耐用年数や、リードから購入に至るまでのステップなど）
- 見込み客がその提供物を選ぶ／選ばない理由は何か
- リードが購入につながる確立はどれくらいか
- 各チャネルの翌年の収入目標はどれくらいか

4 | 支出

お金を生み出すには、お金を使わなくてはなりません。少なくともそう言われています。ここで知る必要があるのは、企業が行っている投資や、提供物を売り出す際に生じるコスト（あるいは販売に必要な予算を集める際に生じるコスト）などです。

- ウェブサイトなどテクノロジーにどんな投資をしているか／どんな投資計画があるか
- プラットフォームやCMSの切り替えなど、
  テクノロジーへの投資やテクノロジー強化を行う際は、
  何を基準に採用／不採用を判断しているか
- コンテンツストラテジー提案は、現状のテクノロジーの枠内で行ってほしいのか
  ／テクノロジーの変更も含めて最良の提案をしてほしいのか
- セールスマンの給与はいくらぐらいか
- カスタマー・サポートにかけている費用はどれくらいか
  （コールセンターや社内情報を提供するナリッジセンターを保持しているかなど）
- 販売成約とサポート提供にかかる費用は、平均で顧客1人あたりいくらぐらいか
- 支出に関する翌年のビジネス目標は立てているか

外部要因

外部要因とは、企業にはコントロールできない形でビジネスに影響を与える要素のことです。ときには、企業や組織の側が外部要因に影響することもあります。本書では、これを4つに分類します。競合相手／法務・コンプライアンス・規制／トレンドと現状／顧客です。

1 | 競合相手

企業や組織には、必ず競合相手がいます。意識していようといまいと、競合相手がゼロということはまずありえません。クライアントの中には、自分たちは業界で唯一の企業だから、競争はないと言う人たちがいます。しかし実際には、同じ業種の会社がゼロだったとしても、競争がないわけではありません。商品であれば、似たようなものを売っている会社があるかもしれません。ニュース会社なら、特定ジャンルについては似たような情報を提供している企業があるはずです。

- 企業の製品やサービスの直接の競合相手は誰か
- 競合相手が自分たちと異なる、あるいは自分たちよりも優れている部分はどこか
- 見込み客が、自分たちではなく競合相手を選んだ理由はなにか
- 自分たちの業界や提供物の専門家は誰か

2 | 法務・コンプライアンス・規制

ほとんどの企業には、自社が顧客に提供する商品について、言ってよいことと悪いことのルールがあります。そうしたルールをあらかじめ把握しておかないと、プロジェクトの途中で深刻な問題が起こる場合があります。また、社内の法務部やコンプライアンス担当者と早くから関係を築いておくと、何かと便利です。彼らの力は、あとで必ず必要になってきますから。

- 企業のコンテンツについて、言ってよいこと／悪いことの基本ルールは何か
- コンテンツのアクセスしやすさや読みやすさなど、オンライン関係で従うべき基準は何か
- 提供物や提供物の宣伝の仕方に影響する政府の法律や規制は何か
- コンテンツが法律や規制の要件を満たすために取るべき手順は何か

- 議会や関係省庁が施行や改正を検討している法律やポリシーの中に、
  現在／今後制作するコンテンツに影響しそうなものはないか
- 組織が有している登録商標やサービスマーク、著作権はあるか。
  またコンテンツにそれらを使用する際のガイドラインは何か

3 | トレンドと現状

トレンドとは、技術の発展やグローバル市場の変化など、提供物や顧客のニーズに影響する新しい動きを指します。たとえば、ハッキング事件の増加で、サーバーのセキュリティ強化のニーズが高まっていることなどは、その好例と言えるでしょう。現状は……まあ、現在の出来事ですよ。自然災害や選挙など、顧客の心理や振る舞いを変化させる事態のことです。

- 業界内の動きで、ビジネスに影響を与えている、
  あるいはこれから与える可能性のある出来事はあるか
- 察知しているビジネス環境の変化の中に、
  提供物や提供物のポジショニングに影響を与えそうなものはあるか
- 自然災害や選挙、セレブ関連のニュース、話題になった事件などは、
  これまでどういった形でビジネスに影響を与えてきたか
- トレンドや現在の出来事でポジショニング調整やコンテンツ刷新が必要になった場合、
  どのような手順でその仕事を進めているか

4 | 顧客

内部要因としての顧客で大切なのは、誰がターゲット顧客かという部分でした。企業によっては、それさえわかれば十分な場合もあるでしょう。しかしできれば、ユーザーの実際の姿勢や振る舞いをリサーチし、本当に正しいターゲットを選べているかを検証したいところです。それが、外部要因としての顧客ということになります。

- 見込み客はどういう経緯で提供物の提供場所へやってくるか。
  また、どういう経緯で製品やサービスを買う判断に至るか
- 見込み客の購入の判断に影響しそうな人やものは何か

- 提供製品やサービスについて、見込み客と既存顧客が最も気にする部分はどこか
- 組織はどうやって見込み客や既存顧客と情報をやりとりしているか
- 見込み客や既存顧客が組織のコンテンツに期待するものは何か
- 顧客の一般的なライフサイクルはどのようなものか

調査ツールを手に入れる
Get the goods

さあこれで、どんな情報を手に入れたいかはわかりました。次はどうやってその情報を入手するかですが、これには大きく分けて2つの方法があります。ステークホルダーへのインタビューと資料の確認です。

ステークホルダーにインタビューする

TOOL 03.1 のステークホルダー・リストを元に、各者に1時間程度のインタビューを実施しましょう。何人かまとめてインタビューしたい誘惑に駆られるかもしれませんが、やめた方が賢明です。というのも、他に人がいると、本音を言わなくなる人もいるからです。あなたにとってベストな方法を選んでください。相手が身構えていると感じたときは、フォローアップ作業で補うという手もあります。

インタビューのプランを立てる

ステークホルダー・リストを作成済みなら、各者とどんな話題について話すべきか、ある程度イメージがついているでしょう。それを元に各ステークホルダーへメールを送ってください。メールには、インタビューで聞きたい内容（のあらまし）と、準備しておいてほしいこと（通常は特にありません）を記載します。

> **Hint**
> 1つだけ、インタビュー相手に準備してほしいものがあるとすれば、それはこちらの役に立ちそうな資料のリストです。また、インタビューで訊く質問をメールにずらっと並べるのはNGです。せっかくのインタビューをアンケートのような型通りの作業にしたくはありませんし、こちらを煙に巻くような答えを用意されるのもイヤですからね

CHAPTER 06: ビジネス環境を理解する

TOOL 03.1 のステークホルダー・リストは、インタビューのガイドやチェックリストを作るときにも、ちょうどよい出発点になります。私の場合、まずマスターガイドを作り、そこに訊きたい質問、話したい話題をすべて書き込みます。その後、これを切り分けて、相手に合わせた個別ガイドを作ります。インタビューガイドの例として **TOOL 06.2** を用意しました。製作者は『Designing for the Digital Age』（デジタル時代のデザイン）の著者キム・グッドウィンです。

インタビューガイド

Content Strategy
TOOL 06.2

⬇ Tool_6.2_Stakeholder_Interview_Guide.docx

ツールを元にあなたオリジナルのインタビューガイドを作りましょう

- まずは質問と話題をすべて書き出したマスターガイドを作ります。その後で、各ステークホルダーや似たタイプのグループごとにそれらを切り分けましょう
- マスターガイド／個別ガイドともに、インタビューの目標を書き記すようにしましょう。自分への確認になりますし、インタビューの最初の話題にもなります
- あなたオリジナルのガイドを作りましょう。テンプレートの話題やセクションを切り貼りしたり、質問を削ったり、気になったらメモを取ったり、（あったほうが便利だと思えば）インタビュー相手に合わせた細かなポイントを書き込んでみてください

▶ Kim Goodwin / Designing for the Digital Age

インタビューの構成を考える

インタビューを実施する前に、その構成を考えておきましょう。どんな質問をどんな順番で投げかけるかで、成果は大きく変わってきます。

世界各地で文化振興などの活動を行っている非営利団体「Institute of Cultural Affairs（ICA）」は、Technology of Participation（ToP）®ファシリテーション・メソッドと題した、司会者のための講座を設けています。その中でICAは、「集約式会話」という手法を勧めています。これは、グループでの議論を活発にしたいときに便利な手法です。

この手法は、ステークホルダーへのインタビュープランを練る際にも活用できます。「集約式会話」では、参加者に投げかける質問を、単純質問／反芻質問／解釈質問／決断質問の4つに分類しています。ステークホルダーへのインタビューでは、最初の3つがそのまま応用できます。最後の決断質問については本書では扱いません。

1 ｜単純質問

事実を尋ねるようなシンプルな質問で、ウォーミングアップに適しています。単純質問は、答えがすぐ出せるようなものでなくてはなりません。例を挙げましょう。

- 社内での役職を教えてください
- プロジェクトについて知っていることはありますか？
- あなたのチームの今年最大の目標や目的はなんですか？

2 ｜反芻質問

ステークホルダーの個人的な見解や気持ちを引き出すことを目的とした質問です。反芻質問は、事実に背景や意味を与えます。例としては、次のようなものが考えられるでしょう。

- 仕事でいちばん大変なのは何ですか？
- このプロジェクトでいちばん重要な部分、つまりあなたやチームの仕事にいちばん影響しそうな部分はどこですか？
- いまウェブサイトにあるコンテンツで、気に入っている／気に入らないところはどこですか？

3 ｜解釈質問

ステークホルダーが自分やチームの役割以外の物事、たとえば会社全体や業界、顧客をどう捉えているかを探り出す質問です。例を出しましょう。

- 顧客は会社のウェブサイトに何を期待していると思いますか？
- このプロジェクトの成功は、会社にとってどんな意味があると思いますか？
- このプロジェクトを進めるにあたって、会社にとって最も課題となりそう部分は何だと思いますか？

インタビューを実施する

この解説にあまり分量を割くつもりはありませんが、インタビューに際していくつか念頭においてほしいポイントがあるので、それを紹介しましょう。

1つ目は、相手の話を聞くことに全力を注いでほしいということ。沈黙を埋めようとするのはNGです。相手の話をさえぎって自分の意見を言うのもNG。偉そうに聞こえてしまいますから。そして、何もコメントがなさそうだからといって、話題をころころ変えるのもNG。考える時間を与えましょう。

2つ目は、可能であれば同僚に書記役として同席してもらい、できるだけ細かくメモを取ってもらうこと。自分でメモを取るのがダメというわけではありません。私もたいていはそうしています。ただ、必要なときにメモを取ってくれる人間が別にいた方が、気持ちに余裕ができて、相手の話に集中できるのはたしかです。

3つ目は、メモの取り方は、じっくり時間をかけて検討し、自分に合った方法を使うこと。私の場合、書記役がいないときは、いまだに手でメモを取っています。目の前にパソコンを置いてキーボードを打つと、相手との間に壁ができるような気がしてしまうのです。それから、メモを取るなかで特に重要と思われるコメントが出てきたら、シンボルマークリストを使って印を付けるようにしています。そうやって目印を付けておくと、重要な情報を抜き出す作業や、フォローアップの作業がしやすくなります。

最後に、未知の事柄に関するコメントがないか、意識して話を聞くこと。 表06.1 のシンボルマークリストを見ればわかると思いますが、5つのうち3つが未知の情報に関するものですよね。インタビューで初めて耳にする名前が相手の口から何度も出たとき、私はこう思います。「隠れていたステークホルダーがいた！」と。クライアントの社内で進行中の別のプロジェクトの話が出るときもあります。知らなかったけどプロジェクトに直接影響を与えるものが、インタビューで判明したりするのです。他にも、2015年のデジタル・ロードマップなど、見たことも聞いたこともなかった資料の話が出るときもあります。

表06.1 インタビューメモに用いるシンボルマークリスト

＊	……… 重要な発見	？	……… 要リサーチ項目
！	……… 驚いたコメント	□	……… 目を通した方がよい資料
☺	……… この後インタビューすべき相手		

過去の資料に当たる

ビジネス戦略に関するプレゼン資料、サイトのアクセス解析データ、クリエイティブ・ブリーフ、組織図、ブランドのガイドライン、ユーザー調査レポートといった資料の確認は、ともすると、何のためにやっているのかその意義がさっぱりわからなくなりがちです。そんなときは、次の2ステップを踏むと、資料の確認作業に枠組みや構造が生まれるでしょう。 TOOL 06.3 は、資料のリストや、見つかった情報の記録を取るときに便利なスプレッドシートのテンプレートです。

1 | 資料のリストを作る

クライアントからもらった資料の確認をする際、私はまず、リストを作って種類ごとに分類しています。種類はプロジェクトによって異なりますが、次の4つは、どのプロジェクトにも使えるスタンダードなものだと思います。

> **Hint**
> 私はいつも、クライアントには、プロジェクトに関係のありそうな資料は全部くださいとお願いしています。見てみたら必要のない資料だった方が、重要な資料を見逃すことよりよいですよね

- **戦略に関する資料**
  プレゼン資料の場合が多い。会社や部署の目標、目標達成に必要な行動やプロジェクトについて記されている
- **ユーザー情報に関する資料**
  ユーザー調査や市場調査のレポート、ユーザビリティー・テスト、ペルソナ、顧客の年齢や居住地域といった統計情報など
- **アクセス解析データ**
  コンバージョン率、サイトの訪問者数、ページビュー、ユーザーのサイト（アプリ）内の移動経路に関するデータ。コールセンターのデータや成約の費用対効果データもここに含まれる
- **ピープル＆プロセス（社内の人間とプロセスに関する資料）**
  組織図、コンテンツの考案・発注・制作・公開の手順図など

この分類を頭に入れておくと、資料に当たるとき、どんな情報が見つかりそうかをイメージしやすくなります。クライアントやビジネスパートナーと一緒に、関係資料がすべて集まったかを確認するのもよい方法です。リストを確認しているうちに、他に当たるべき資料が突然見つかることもあります。

2 | 見つけた情報を記録する

これに関しては、自分に合った方法を採用するに限ります。自分でまとめ資料を作ったり、重要な情報をペンでハイライトしたりなど、いろいろな方法があるでしょう。ハイライトを種類ごとに色分けするという手もあります。この方法は私も取り入れています。教えてくれたのは昔の同僚、エミリー・シュミットラーでした。

私は、記録用スプレッドシートに次の4つの列を設けて記録しています。

- **インサイト**
  資料から得られた重要な発見
- **トピック**
  情報の種類。カテゴリー分けについては、章前半の「何を調査すべきかを明らかにする」の項で紹介したのと同じものを使います。
- **出典**
  リストのどの資料からその情報を得たか
- **出典のカテゴリー**
  出典資料は、戦略／ユーザー情報／アクセス分析／ピープル&プロセスの4つのカテゴリーの中のどれか

資料を（たいていはカテゴリーごとに）確認しながら、見つかったインサイトを記録していきます。私がこの方法を気に入っているのには、いくつか理由があります。

1つ目は、スプレッドシートにまとめておけば、あとで大量の資料の山に当たり直して、「どっかで見かけたはず」と探し回らずに済むからです。2つ目は、この方法なら、プロジェクトメンバーにもわかりやすい形で情報を共有できるから。そして3つ目は、クライアントが情報の出典を求めた際にも使えるからです。

発見フェーズの最後には、見つかった情報を資料としてまとめる作業が待っていますが、そこではこのスプレッドシートが大活躍します。間違いありません。見つかった情報にフィルターをかけてパターンをあぶり出しますが、きっと楽しい作業になるはずです。

> **Hint**
> このスプレッドシートは、インタビュー記録と兼用することもできます。特に、記録を後でパソコンに打ち込もうと思っているなら、そうした方が便利です。この場合の出典はインタビュー相手ということになるでしょう。その際は「発言元」という列を1つ足しておくと、出典が資料なのか、人間なのかを混同せずにすみます

Content Strategy
TOOL 06.3

インサイト記録シート

⬇ Tool_6.3_Discovery_Insights_Workbook.xlsx

資料確認作業を手際よく進めましょう。このスプレッドシートは、一覧表や情報記録用など、複数のシートで構成されています

- ☑ トピックはあなたが必要だと思ったものを選びましょう。トピックの列を2つ作り、片方を「サブトピック」とすると、いっそう整理がしやすくなります
- ☑ シートの情報は、クライアントに提示したり、提案の際の根拠として文言をそのまま引用します。きちんとした形式で記しましょう
- ☑ 出典資料の呼び名が、自分とクライアントとで異なっていないか確認しておきましょう。情報の根拠として示す際、ファイル名や資料名の認識が異なっていると、混乱を招きます
- ☑ このシートは、インタビュー記録とも兼用できます

▶ Meghan Casey, Brain Traffic [www.braintraffic.com]

ビジネス環境の把握は完了です！
Open for business

さあこれで、ビジネス環境についてさまざまなことがわかったことでしょう。わかりすぎて、頭がパンクしそうになっているんじゃないでしょうか。あなたなりの整理法を使って、頭のギアを入れ直してから、次のステップへ進んでください。

私の場合、1日空けてから整理した方がよいときもあれば、メモしたものを一気に打ち込んだ方が没頭できてよいときもあります。やり方はあなた次第です。

次のChapter07では、いま戦略を練っているコンテンツを実際に使う人たちについて、さまざまな方法を使って学んでいきます。ステークホルダーが持っている考えを引き出し、それが正しいのか、間違っているのかを検証していきましょう。

Chapter 07
オーディエンスとユーザーを理解する

ユーザー・エクスペリエンス・デザイナーの友人が、Facebookにこんな投稿をしました。「最近は、プロジェクトのたびにユーザー調査の予算がもらえてもう最高！」と。それを見て、私はうらやましくて仕方がありませんでした。

私の経験では、クライアントを説得し、オーディエンスやユーザーの調査に予算を出してもらうのは本当に難しいです。ときにはプロジェクトが始まる前から投入される資金の額が決まっていて、追加予算の獲得など夢のまた夢ということもあります。

そうでなくとも、予算を管理する人間はたいてい、ユーザー調査など無意味だし不必要だと思っています。企業や組織は、オーディエンスについて知る必要のある情報はもう全て知っていると思い込んでいるのです。これ以上調べてもさして意味がないというわけです。

さて、この章では、限られた予算内で、ユーザーに関する情報を獲得する方法を詰め込みました。まずは知りたい内容を書き出し、ステークホルダーに周知することから始めましょう。その後は、情報を入手する方法を考えていきます。

知りたい内容を明らかにする
What you want to know and understand

まずは、コンテンツのユーザーの何を知り、何を理解したいかを具体的に書き出しましょう。そうすると、企業が持っている情報と実情とのギャップが浮かび上がってきます。これは、クライアントやステークホルダーを満足させるリサーチ・プランの土台にもなります。

市場調査

リサーチにあたって、市場調査とユーザー調査の違いを全員で確認しておきましょう。ほとんどの企業は、かなり大がかりな市場調査を実施しているはずです。それがものすごく重要だからです。ただ、それだけでは十分ではないことも多いのです。

市場調査とは、現在の（あるいは販売予定の）製品を買いたいと思っている人がどこの国／州／街／地区にいるかを教えてくれるものです。市場調査は、「自分たちの製品やサービスに市場はあるか？」「消費者はいくらなら買おうと思うのか？」という問いへの答えを与えてくれます。

人口統計上の情報も役立ちます。性別／収入／家族構成／出自。そうしたものがわかれば、オーディエンスのセグメント分けもしやすくなります。たとえば、ある収入帯のシングルマザーがよく買っているものは何かという市場データを基に、企業はなんらかの判断を下すことができるのです。市場調査には利点がたくさんあります。しかし、利点ばかりというわけではありません。

- 市場調査は、市場全体を網羅するような大規模なサンプル調査を行い、非常にマクロで定量的な視点をもたらす。しかし、商品を買うかもしれない人たちが、必ずしもコンテンツ（場合によっては提供物）のユーザーとは限らない
- 市場調査では、主に定量的な手法を用いるので、消費者の発言が中心になる。実際にどう動くか／どう思っているかという視点には欠ける
- 市場調査では、現在や今後のコンテンツに関する洞察はあまり得られない。コンテンツとは、オーディエンスの心に訴えかけ、気持ちを掴み、心理を変化させるものであるが、市場調査ではそういった視点は提示されない

さあ、こういった弱点をカバーするのがユーザー調査というわけです。

ユーザー調査

ユーザー調査は、ユーザー（コンテンツに触れる／触れてもらいたいと思っている人たち）の姿勢や考え方、懸念、体験、振る舞い、動機などを知るためのものです。ここでは、「新しい歯医者を探す」という状況を例に、もう少し掘り下げて解説します。

あなたは、資格を取って開業したばかりの歯科医から、見た人をぐっと惹きつける（これがビジネス目標です）ウェブサイトを立ち上げてほしいという依頼を受け、コンテンツストラテジーを練っています。クライアントは子どもも大人も診られる資格を持っています。そこで市場調査を実施して、15キロ圏内から、12歳以下の子どもを持つ世帯数／同じエリアの小児歯科医院数／大人向け歯科医院数を割り出し、そのデータを基に開業場所を決めました。

ここまではOK。医院の周囲には、歯医者を必要としている市場があるわけです。では、彼ら潜在顧客の歯医者選びに関する姿勢や考え方、懸念、体験、振る舞い、そして動機とは、いったい何でしょうか？

1 | 姿勢と考え方

姿勢とは、提供物や提供者に対する考えや印象のことです。

- 両親は、子どもには子ども専門の小児歯科へ連れて行きたいと思う？その理由は？
- 歯医者へ行くのを怖がる？その理由は？
- 歯医者へ通うなら家族全員が同じ医師にかかりたいと思う？その理由は？

2 | 懸念

懸念とは、提供者や製品・サービスが見込み客の心に引き起こすかもしれない心配や不安のことです。潜在顧客は、自分や家族が歯を治療するにあたって、どんな懸念を抱いているでしょうか。

- 値段が高い？
- 歯科医の実績や経験年数？その理由は？

3 | 体験

体験とは、似たような提供者や製品・サービスと、その人とのあいだに起こったこれまでの出来事のことです。

- 歯の治療の際、過去に遭遇した良い体験／嫌な体験は何？
- その体験は、今の歯医者選びにどんな影響を与えている？
- 子どもを歯医者へ連れて行った経験はある？／それはどんな体験だった？

4 | 振る舞い

振る舞いとは、提供／提供予定の製品・サービスに対して、どういった行動を取るかということです。

- 新しい歯医者を探す際はどういったリサーチをする？
- 子どものための歯医者を探すときは誰に相談する？
- 嫌な体験等が原因で、歯医者を替えたことはある？

5 | 動機

動機とは、その人が提供者や製品・サービスを探すきっかけになった内外の要因のことです。

- 必要に迫られる前に、歯医者を探す？それとも痛さに耐えられなくなってから探す？
- すでにかかりつけの歯医者はいる？
- 医者を替えるならどんな理由が考えられる？

想定とギャップ

市場調査とユーザー調査の違いを念頭に置きながら、オーディエンスやユーザーについて、どんな情報を手に入れたいかを書き出してください。 表07.1 はその例です。この表のテンプレートは TOOL 07.1 としてダウンロードできます。

- **知りたいこと**
  ユーザー調査で答えを得たい質問を記入します
- **知りたい理由**
  なぜその情報を得ることが重要なのか、得た情報をどう使うかを記入します
- **現時点の仮説**
  リサーチの答えとして想定している仮説（未検証の情報）を記入します
- **既知の情報**
  リサーチの質問に関して、その答えがすでに証明されている情報を記入します

表の記入は、まず前半の2列から始めましょう。その後、ユーザー理解に強い関心を持っている、あるいはユーザーに関する知識を豊富に持っていると思われるステークホルダーを集め、ミーティングを開催します。そして、後半2列の内容を一緒に考えていきます。この時点では、思いついたものをどんどん書き込むだけでOK。内容の練り込みには時間をかけなくてかまいません。

表07.1 ユーザー理解表

これが知りたい	知りたい理由	予想される答え	既知の情報
潜在顧客が自分や家族の歯の治療に関して抱いている懸念は何か？	その懸念をウェブサイトで効果的に払拭したい	両親は、家族全員が同じ時間に治療を受けたいと思っているが、それが叶う歯科医はないと思っている	
人々は必要になる前に歯科医を探すのか？	この答えによって、治療方針を示して信用を高めることを重視するか、救急診療や直前予約に関する情報を重視するかが変わる	前もって歯科医を探す人は多くないだろう	開業から1カ月で、すぐに診てほしいという依頼が10件あった。契約している保険会社のオンライン名簿から当院を見つけたとのこと

Content Strategy
TOOL 07.1

ユーザー理解表

⬇ Tool_7.1_User_Understanding_Matrix.docx

ユーザー調査のための質問と想定される理由を考え、ステークホルダーと残りの項目について話し合いましょう。

- ✓ ブレインストーミングを行うようなつもりで作業しましょう。質問は完ぺきに練り込む必要も、きちんとした文章になっている必要もありません
- ✓ ブレインストーミングのルールに従い、ステークホルダーの意見や知識を尊重しましょう
- ✓ 新しい質問や予想を思いついたり、知識が得られたりする度に、情報を更新していきましょう

▶ Brain Traffic [www.braintraffic.com]

こうして表を作っていくと、ユーザー理解に対するギャップが明らかになってきます。ここで重要なのは、情報が欠けている部分に関して、ステークホルダーを巻き込みながらその答えを見つけ出せたことです。また、この表の作成は、ユーザー調査の手法プランを練る出発点にもなります。それについては、次の項で解説しましょう。

ユーザー調査の手法を決める
Your approach to user research

あえて厳しいことを言いましょう。私たちコンテンツストラテジーの専門家、あるいはユーザー・エクスペリエンス・デザイナーは、実ユーザーに対してのリサーチ以外では満足しません。少なくとも、私はそうです。しかし、それは理想的なプロジェクトでの話です。さしあたっては、コストやステークホルダーの要求の範囲内で、ベストを尽くす心づもりをする必要があります。

クライアントの要求を見定める

クライアントやステークホルダーがどれだけユーザー調査を欲しているかは、彼らがどれだけ自分の予想・知識に自信をもっているか、またどれだけリスクを避けたがるかで変わってきます。そこで先ほどの TOOL 07.1 ユーザー理解表からわかったユーザー理解に対するギャップについて、クライアントとミーティングを行いましょう。

要求確認のミーティングでは、まず、彼らが自分の予想・知識にどれだけ自信を持っているかを尋ねます。次に、その想定が間違っていた場合、どれくらい気にするかを訊いてください。話し合いには時間をかけること。また、邪魔されずに考えをまとめる時間も設けてください。長い沈黙が降りることもあるでしょう。逆に、熱のこもった話し合いに発展する時間帯もあるはずです。

議論が尽くされたら、 表07.2 リスク容認度／自信レベル表のうち、自分たちがどこに当てはまるかをステークホルダーに考えてもらってください。それができれば、彼らのニーズに合わせて、ユーザー調査の手法を絞り込んでいけます。リサーチの手法はさまざまで、すでにあるデータ（たとえば市場調査やアクセス解析の結果）のレビューを行う方法もあれば、ステークホルダーから意見や考え方を引き出す方法、実ユーザーを観察したりヒアリングする方法などがあります。いくつかの方法を組み合わせるのもよいでしょう。

表07.2 リスク容認度／自信レベル表

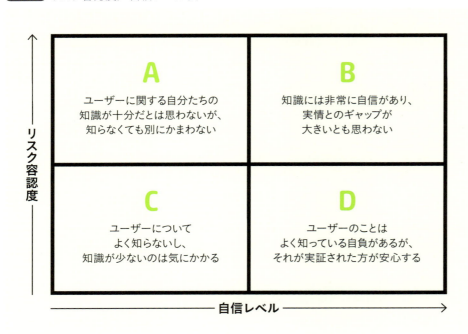

調査手法をクライアントに提案する

表07.2 で導いたクライアントの自信とリスク容認度合い、TOOL 07.1 ユーザー理解表で明らかになった理解のギャップ、そして引き出せそうな予算と調査期間の予測を基に、ユーザー調査の手法として、何を提案するかを決めましょう。

私の場合、最低2つの選択肢をクライアントに提案するようにしています。1つは、市場調査かユーザー調査のレビューを行いレポートをまとめること。もう1つは、ステークホルダーとのワークショップを開催し、市場の現状とコンテンツに対するニーズを知ることです。ただし、リスク容認度と自信レベル双方が低い場合（C）は、必ず実ユーザーに対するリサーチを勧めます。リスク容認度が低く／自信レベルが高い場合（D）、逆にリスク容認度が高く／自信レベルが低い場合（A）は、直観的な手法に従います。どのようなユーザー調査を提案するかは状況次第。唯一の正解はありません。とにかく、先ほど書き出したユーザー理解表にすべて答えられる手法を選びましょう。

手法を決めるときは、提案書として書き出す前に、まずは口頭でステークホルダーにうかがいを立ててみましょう。その際、まずは理想のアプローチを提案しつつ、頭の中にはもうひとつBプランも用意しておきます。ただし、相手がちょっと難色を示したからといって、すぐにBプランを出してはいけません。ミーティングでの話し合いで、彼らがどれだけ自分たちの予測に自信を持っているか、どれだけリスクを嫌がるかは、すでに明らかになっています。である以上、あなたの提案する手法は、理にかなっているはずですから。

いずれにせよ、リサーチの手法について了解が取れたら、改めてその手法を書き出しましょう。私はたいてい、表07.3 のような表をメールで送るか、あるいは提案書や変更注文書内に記すようにしています。

> **Hint**
> ユーザー調査にかかるコストを見積もるのは難しく、発見フェーズを進めてみたら、見積もりとかけ離れていたということはよくあります。そこで私はいつも、最初はかなり多めに予算と時間を見積もるようにしています。この段階で見積書をまとめる際にはそれを振り返り、クライアントと相談しながら、時間やお金をどう使うか、追加コストは必要そうかを話し合うようにしています

表07.3 ユーザー調査の提案書例

活動	労力／コスト
【市場調査のレビュー】 現在ある市場調査報告書を確認してデータを抜き出し、ユーザーに関する想定をまとめる。レビューを行うのは〈資料名1〉と〈資料名2〉の予定。	XXドル （X時間×時給）
【ステークホルダーとのワークショップ】 当方司会の下、半日間、ユーザーにフォーカスしたワークショップを行い、ユーザーに関する現状の知識と想定をまとめる。そして、コンテンツを顧客のライフサイクルに当てはめる。	一律###ドル
【ユーザー・インタビュー】 最大6人のユーザー・インタビューを実施し、市場調査のレビュー、ステークホルダーとのワークショップでまとめた想定が正しいかを検証する	###ドル （#時間×時給）

ユーザー調査を実施する

プロジェクトでどんなリサーチ手法を採用できるかは、クライアントやステークホルダーの調査活動に対する意欲、そしてコスト（時間と予算）で決まってきます。たとえ、実ユーザーと話すことができなかったとしても、貴重な情報を得て、有益な情報を獲得することはできます。

大切なのは、想定は検証されなければ意味がないという点を、クライアントやステークホルダーに理解してもらうことです。また、予測だけでは、作ったコンテンツとユーザーのニーズが合致しないリスクがあると、しっかり伝えることも忘れてはなりません。コンテンツがニーズを満たせなければ、業績が上向く可能性も小さくなりますから。

たとえば「潜在顧客がいちばん懸念しているのは、製品の"価格"である」という予測を立てたとしましょう。その場合、コンテンツではまず価格に関するメッセージを発信することが求められるはずです。そのとき、実はオーディエンスが"使いやすさ"を重視していたら、ユーザーが最も気にかけている情報を真っ先に提示する機会を逃してしまいます。

1 │ 資料とアクセス解析のレビュー

Chapter06の TOOL 06.3 インサイト記録シートを再び登場させましょう。ブックには、インサイト／トピック／出典／出典カテゴリーの4つの列がありました。それをユーザー調査に合わせて調整します。

- **インサイト**
  ユーザーに関する重要な発見

- **トピック**
  インサイトが話題にしている内容
  姿勢と考え方／懸念／体験／振る舞い／動機の5カテゴリーに分けられます。
  人口統計などの一般的な情報もほしいところです

- **出典**
  インサイトが見つかった資料等の情報源
  市場調査報告書／顧客セグメンテーション戦略／過去に実施したユーザー調査の要約／ペルソナ／ユーザー・シナリオ／アクセス分析 など

- **出典カテゴリー**
  出典資料のカテゴリー
  戦略／ユーザー情報／アクセス分析／ピープル＆プロセスの4カテゴリー

私はいつも、ユーザー調査における資料レビューにあたっては、専用のスプレッドシートを作り、以下の列を設けています。

1つ目は、「リサーチする疑問点」。たとえば、発見したインサイトは自分のどの疑問に答えているものかを記入するための列です。

2つ目は、チェックマークを入れる列を2つ作ります。これは、見つかったインサイトが想定か、それとも知識かをチェックするためのものです。たとえば、アクセス解析を確認したところ、歯科医のウェブサイトを訪れた訪問者は、数秒以内に「医院情報」のタブをクリックするというデータが得られたとします。このデータから、私は「消費者は、どういう医院かという情報に強い関心を持っている」と予測しました（この例はまたあとで使います）。

こうして資料のレビューをひととおり済ませたら、実ユーザーへのリサーチの取っかかりとなる情報がふんだんに手に入っていることでしょう。もちろん、リサーチが実施できるかは、予算がもらえるか次第ですが、レビューを行えば、想定や生きた知識もたくさん集まっているはず。であれば、それをプレゼン資料代わりに使ってクライアントやステークホルダーを説得し、本格的なユーザー調査の必要性を認識してもらうこともできるはずです。

2 | ステークホルダーとのワークショップ

いくつかのエクササイズを通じて、ステークホルダーが、ユーザーやオーディエンスについて知っていること／想定していることを理解していくワークショップです。

参加者に「さあやるぞ！」という気分になってもらうためのウォーミングアップとして私がよく使っているのが、自分自身の最近のウェブサイト体験について話してもらうというエクササイズです。自社のウェブサイトを見てイラッとした瞬間、満足のいった瞬間、うれしくなった瞬間などを話してもらうわけです。そうしておくと、ワークショップの本題に入ってから、ユーザーの身になって考えやすくなります。

メインのエクササイズで大切なのは、各エクササイズ同士のつながりです。つまり、ワークショップに流れを作り、参加者に作業の寄せ集めという印象を与えないよう気をつけます。次の3つが、一般的なエクササイズの種類と順番になるでしょう。

---

❶ きっかけ作りのブレインストーミング

2〜3分ほどブレインストーミングの時間を設けて、ユーザーが自分たちのサイトを訪れる理由、アプリを使う理由、その他のコンテンツに触れる理由をどんどん挙げてもらいましょう。アイデアは適当な紙にメモし、終わったら1人ずつ、アイデアを読みあげてからメモを壁に貼ってもらいます。全員が貼り終わったら、アイデアをいくつかのカテゴリーに分類しましょう。

❷ **ユーザーの命名**

ここでの目標は、ブレインストーミングで分けたカテゴリーに人間としての顔を与えることです。まず、アイデアを眺めて今の分類で納得できるかを確認してもらいます。次に、熱心なファン、一見の訪問者など、各カテゴリーのラベリングを行い、さらに実際の人間の名前を与えます。たとえば「一見さんのヴェロニカ」という感じです。最後に、みんなで話し合いながら、自社で重視する順に合わせて、ラベルと名前の付いたユーザーに順位付けをしていきます。

❸ **ユーザーのストーリー作り**

この活動では、ユーザーが実際に体験すると思われるストーリー、つまり現実に即した筋書きを作ってもらいます。2〜3人で1つのグループを作り、それぞれにさきほどのエクササイズで分類したユーザーを1人ずつ割り当てます。それから **TOOL 07.2** のワークシートを渡し、ストーリーを書きあげてもらいましょう。この際に参考にしてもらうのが、ジョーゼフ・キャンベルが著書『千の顔を持つ英雄』（新訳版、早川書房）で提唱した「ヒーローズ・ジャーニー」のパターンです。参加者には、筋書きを作りながら、その途中で浮かんだユーザーの思考、感情、目に映る光景、行動に関する考えもメモしてもらいます。

このエクササイズが終わったら、ストーリーを発表してもらいます。ユーザーの姿勢や振る舞い、体験に関するステークホルダーの想定が分かる有益な時間となるでしょう。こうしてできあがったストーリーと、資料やアクセス解析から得られた考察を組み合わせると、数多くのことが学べます。100パーセント信頼できる、というわけにはいきません。まだ、実ユーザーのリサーチを行って検証したわけではないですからね。それでも、使えるのはたしかです。

ユーザー調査ワークショップ

Content Strategy
TOOL 07.2

⬇ Tool_7.2_User_Research_Workshop_Activities.docx

ツール内の指示を参考にしながら、この章で紹介したワークショップを実施しましょう

- ✓ 状況に合わせて調整しましょう。たとえばネット会議の場合は、Google Documentやオンラインのブレインストーミング・ツールを使うべきでしょう
- ✓ ユーザーのストーリーを考えるエクササイズでは、参加者同士の会話に耳を傾けましょう。聞くことで、いっそう有益なインサイトが得られる場合が多いです

▶ Brain Traffic [www.braintraffic.com]

表07.4 ヒーローズ・ジャーニー・パターン

> **Hint**
> このワークショップにはもう1つ目的があります。ストーリーができたら、今度はコンテンツのユーザーが必要としているものを、カスタマー・ジャーニー・マップに当てはめてみましょう。詳しくはChapter08で解説します

3 | 実ユーザーへのリサーチ

これまでに集めたインサイトを検証し発展させるためにも、実際のユーザーに対するリサーチはぜひ実施してもらいたいところです。ユーザー調査については、本書よりもはるかに詳しく解説してくれている参考資料があるので、まずはそれを紹介しましょう。1つ目は、エリザベス・グッドマン、マイク・クニアフスキー、アンドレア・モード著『Observing User Experience (second edition)』(ユーザー体験の観察 第2版)。2つ目は、ウェブサイトwww.usability.govの「User Research Basics」(ユーザー調査の基本)の項目です。

ここでも、いきなりリサーチを始めずに、どんなユーザーを対象に調査を行うべきかをじっくり考えましょう。たとえば歯科医の例の場合、半年以内に子どもや自分たちのための歯医者探しをしたことのある親なら、まだ記憶が鮮明でしょうから、理想的な調査対象と言えるはずです。

調査対象が決まったら、次はリサーチの手法を決めます。ここでは、特に使いやすいと思われる手法を2つ紹介します。

①インタビュー

基本はステークホルダーへのインタビューと同じです。インタビューの構成や実施方法については、Chapter06の「ステークホルダーへのインタビュー」がそのまま活用できると思います。うまく使って準備を進めてください。インタビューでは、本章前半で紹介したユーザー調査の5つの要素、姿勢と考え方／懸念／体験／振る舞い／動機に関する質問を投げかけます。可能であれば、直接顔を合わせて話を聞くようにすると、表情やボディランゲージからも、さらなる背景情報が読み取れるでしょう。

②観察

参加者にウェブサイトを訪れてもらったり、アプリケーションを使ってもらったりして、その様子をチェックすることを指します。歯科医の例なら、「家族で通う新しい歯医者を探している」、もしくは「急いで歯医者を探している」という想定の下、ユーザーに別の歯科医のウェブサイトを見てもらい、今は何を考えているか、何をしているかを訊きましょう。「1｜資料とアクセス解析のレビュー」の項で、アクセス解析に基づいた想定の話をしたのを覚えていますか？　ここでは、その想定が正しいかどうかを検証します。想定段階では、ユーザーがまず「医院情報」のタブをクリックするのは、その医院がどういうところかを詳しく知りたいからだ、という予測を立てましたよね。しかし、実ユーザーの観察では、医院情報を真っ先にクリックするのは問い合わせ先を知りたいからだ、その情報が載っているのはそのタブだと思ったからだという答えが返ってくるかもしれません。

ユーザー調査が終わったら、ユーザー理解表に、得られた情報を書き込みます。調査の結果、新たに知りたい項目が生まれることもあるでしょうから、それを追加するのも忘れずに。

> **Hint**
> ユーザー調査では、相手の時間を尊重する姿勢を示しましょう。インタビューや観察は短時間で終わらせ、参加者には謝礼を出すとよいでしょう

> **Hint**
> たくさんのユーザーから話を聞けば、貴重なインサイトを獲得できるわけではありません。本当に必要なのは5人。ここで紹介した方法をどちらも採用するのであれば、同じ5人に対してインタビューと観察の両方を行いましょう

こんにちは、ユーザーのみなさん
Nice to know you, users

さて、説得力のある提案をするには、いかに準備が大切かを実感できましたか？　あなたがそう感じてくれていると思うと、本当にワクワクします。あなた自身もワクワクしてくれているなら、なおさらうれしいです。

さて次の章では、ビジネス環境とユーザーに関するインサイトを使いながら、コンテンツの現状を評価します。コンテンツは何ページあるのか、などという単純な評価ではなく、コンテンツがビジネス目標の達成や、ユーザーのニーズの充足にどれだけ役立っているかという、踏み込んだ評価を行います。

Chapter 08
コンテンツを
理解する

さあいよいよ、「いったい全体、うちのコンテンツに何が起こってるんだ？」という疑問への答えを出すときです。こう考える人もいるでしょう。「どうでもいいよ。戦略が決まれば必要なものも決まってくる」。逆に、こう思う人もいるはずです。「何もかも、細大漏らさず把握してからじゃなきゃ、先に進めない」。

あなたが「どうでもいい」とは思っていないことを願います。なぜって、それは、どうでもよくはないから。そしてどうでもよくない理由は、コンテンツのどこを改善すべきかがわからなければ、戦略を立て、それに従って新しくどんなコンテンツを作ればよいかはわからないからです。また、どれを削るべきかもわかりませんから。

同時に「細大漏らさず把握する」ことは、効率的な時間の使い方ではないと理解してください。答えを知る必要のある質問は限られています。コンテンツの量はどのくらいか、書き方のテンプレートやつながっているチャネルは何か、責任者は誰か、対象は誰か、作られた目的は何か、そしてユーザーの望みや期待に添うコンテンツになっているか……。

というわけで、私のやり方は、両者の中間あたりになります。

コンテンツの全体像を把握する
The content landscape

まずは、コンテンツ全体の生態系を把握し、それを図や表の形にまとめることが重要です。図式化が重要な理由はいくつかあります。まず、あなたやクライアントは、コンテンツがいったいどこにあるのか、その全容を掴んでいない可能性が高い。私が過去に受け持ったあるプロジェクトでは、クライアントは当初、うちには3つのウェブサイトがあると言っていました。しかし、実際には17個もあり、そのすべてが戦略を練らなくてはならないサイトだったのです。

第2に、ウェブサイトやコンテンツのチャネルを把握すると、そのコンテンツが企業内で果たしている役割が語りやすくなります。コンテンツの生態系を理解すると、企業がコンテンツのどこに価値を見出しているかがわかってくるのです。戦略的なビジネス資産と捉えているのか、それともクールな体験を後押しするものなのか、あるいは提供物が抱える問題を補う"包帯"なのか……。そうしたコンテンツの役割がわかれば、どういった立場から提案を行うべきかが決めやすくなります。この提案がうまくいけば、企業はあらためてコンテンツを戦略的なビジネス資産と捉えることになるのです（まだそうでなければの話ですが）。

コンテンツ一覧表を作る

コンテンツの生態系を知るための最初のステップは、プロジェクトに関係のあるすべてのコンテンツのリストを作ることです。プロジェクトの規模次第で、リストは短いときもあれば、果てしなく長くなるときもあるでしょう。 表08.1 に、さまざまな規模のプロジェクトと、そこに含まれる可能性のあるコンテンツ例を示したので、参考にしてください。

まずは、チェックすべきコンテンツはどれか、コンテンツがどこにあるかを割り出す作業から始めましょう。私の場合、出発点になるのは、たいていステークホルダーへのインタビューです。ここから、クライアントからは教えてもらえなかったウェブサイトに関する情報が手に入ります。「ウェブサイトやブログを昔どこどこに作ったんだけど、一回も更新されてない」という話を聞くのもしょっちゅうです。そうやって、プロジェクトに関連しそうなコンテンツの所在地に関する"タレコミ"があったら、これをメモし、そのコンテンツの目的や歴史、現状、管理責任者などについて、可能な限り情報を引き出しましょう。

ほかには、プロジェクトの開始時点から把握していたコンテンツを覗いてみるという手もあります。これはインタビューと同時に行ってもいいですが、インタビューを終えるまで待ち、背景情報を手に入れてから確認した方が効果的です。

これらのコンテンツを見てみると、ほとんどの場合、別のウェブサイトへのリンクや別サイトの

アドレス、携帯アプリの情報、存在さえ知らなかったSNSアカウントへ誘導するCTAなどが見つかります。こうしたコンテンツの多くは、クライアント側の担当者も存在を知らなかったようなものです。また、こうした未発見コンテンツへのチャネルは、オフライン物、たとえば製品の包装や紙カタログ、看板、技術資料などに何気なく書かれていることもあるので、気をつけてください。

こうしてチェックすべきコンテンツをすべて一覧化したら、フォローアップ作業としてステークホルダーとの話し合いの場を設け、コンテンツの周辺情報（目的や歴史、現状、管理責任者など）を集めていきましょう。

表08.1 プロジェクト規模から考えられるコンテンツ例

プロジェクト規模	例	要チェックのコンテンツ
企業レベルのプロジェクト 企業が作り、管理し、ユーザーを惹きつけるあらゆるコンテンツについて、コンテンツストラテジーを立てる。対象はすべての外部オーディエンスで、その目的は、販売、宣伝、カスタマー・サポートなど、事業のあらゆる目的に供すること	**金融サービス企業** アドバイザーの人脈を使って商品を売っており、販売や宣伝、カスタマー・サポートに関するコンテンツストラテジーを練る必要がある	■ セールス・プレゼンテーション ■ 顧客用サポート・センター ■ カタログ等の販促素材 ■ 白書 ■ 全てのウェブコンテンツ ■ クライアントが発行している刊行物 ■ 問い合わせ用Eメール ■ 見積書 ■ 携帯アプリ ■ 販売場所を知らせる看板 ■ 包装 ■ ソーシャルメディア
部署／オーディエンス／目的別レベルのプロジェクト 特定の部署（マーケティング／人事／カスタマー・サポートなど）が作り、管理し、ユーザーを惹きつけるコンテンツについて、コンテンツストラテジーを立てる。目標はプロジェクトごとにさまざまで、対象オーディエンスも社内外のユーザー／見込み客／既存顧客などさまざま	**地域の食料品店ブランド** 顧客と見込み客を対象に、マーケティング部がさまざまなチャネルで展開する宣伝用コンテンツのストラテジーを練る必要がある	■ 企業ウェブサイト上の販促コンテンツ ■ 店舗ウェブサイト上の販促コンテンツ ■ ソーシャルメディアのコンテンツ ■ 店舗内の販促用看板 ■ 折り込み広告
チャネルごとのプロジェクト 特定のウェブサイト／アプリ／刊行物／その他の単一チャネルについて、コンテンツストラテジーを立てる	**私立学校** メインサイト上に作られ、管理され、ユーザーを惹きつけるコンテンツのストラテジーを練る必要がある	■ メインサイト上のコンテンツ ■ メインサイトへ／メインサイトからのリンクがあるウェブサイトのコンテンツ ■ メインサイトへ誘導／メインサイトから誘導されてくるソーシャルメディアのコンテンツ
部分レベルのプロジェクト ウェブサイト／アプリ／刊行物／その他の単一チャネルの一部について、コンテンツストラテジーを立てる	**個人商店** 商店やユーザーがメインサイト上に作った購入の手助けとなるようなコンテンツのストラテジーを練る必要がある	■ サイト上の商店が制作したコンテンツ ■ ユーザーが制作したサイト上のコンテンツ ■ ソーシャルメディア上の補助コンテンツ ■ その他の場所に置かれた補助コンテンツ

コンテンツの詳細をまとめる

コンテンツ一覧表を作りながら、わかったことをスプレッドシートにまとめます。この資料は、プロジェクトが進む中で、コンサルタントにもクライアントにもステークホルダーにとっても、かけがえのない財産になるでしょう。

まとめる情報は、次の7点です。

- **名前**：「メインサイト」 など
- **場所**：www.mainsite.com など
- **歴史**：合併の過程で、法的要件を満たすために制作 など
- **状態**：今も見込み客獲得の主要販促チャネルとして機能 など
- **オーディエンス**：見込み客 など
- **目的**：潜在顧客に製品を知ってもらい、コンタクトを取ろうと思ってもらう など
- **トラフィックまたは利用**：先月は1230件のユニーク・ビジット など

Key Words

ユニーク・ビジット
同じユーザー（ユニーク・ユーザー）が複数回クリックした場合などを除いた正味の訪問者数

表08.2 コンテンツ概観表の例

番号	名前	場所	歴史	状態
1	メインサイト	www.mainsite.com	合併の過程で、法的要件を満たすために制作	今も見込み客獲得の主要販促チャネルとして機能
2	モバイルサイト	m.mainsite.com	メインサイトの一部コンテンツに、携帯端末からもアクセスできるようにしてほしいとの広報部の要請により制作	情報がメインサイトと同じ最新状態に更新されていない

CHAPTER 08: コンテンツを理解する

新しく見つかったコンテンツをプロジェクトで詳しく分析するかどうかも決めておきたいところです。そこで、思いついたことは備考としてメモしておきましょう。コンテンツの今後について、現状維持か／刷新すべきか／完全に破棄すべきかを記録しておきます。

`TOOL 08.1` は、コンテンツの概観を記録するためのスプレッドシートです。`表 08.2` はこのシートの記録例です。参照しながら使ってみてください。

コンテンツ概観表

Content Strategy TOOL 08.1

⬇ Tool_8.1_Content_Landscape_List.xlsx

プロジェクトに関連するウェブサイトやチャネルを書き出しましょう

- 関連がありそうなものはすべてリストに含めます
- プロジェクトに必要な情報を書き出しましょう
- リスト化すると、誰も知らなかったコンテンツが見つかることがあります。そのときはあなたがユーザーとなり分析しましょう。あなたが見つけたなら、オーディエンスが見つけることだってあるんですから

▶ Brain Traffic [www.braintraffic.com]

オーディエンス	目的	トラフィック	分析	備考
見込み客	見込み客に製品とサービスを知ってもらい、コンタクトを取ろうと思ってもらう	先月は1230件のユニーク・ビジット	必要	
見込み客	見込み客に製品とサービスを知ってもらい、コンタクトを取ろうと思ってもらう	先月は400件のユニーク・ビジット	必要	ビジネス目標に則すれば、レスポンシブ版を検討すべきでは？見込み客が求める情報が載っているとは限らないし、賞味期限切れの情報も多い

コンテンツの関係性を視覚化する

これで、コンテンツを文脈に落とし込む準備が整いました。次は、コンテンツの生態系の"地図"を作る番です。こうした視覚化は、コンテンツの所在地／コンテンツ同士のつながり／対象／所有者／カスタマー・ジャーニーの途上での役割／獲得トラフィック数／プロジェクトに関係ある（あるいは改善を検討すべき）サイトやチャネルなど、重要な情報を1つにまとめるのに便利です。

ただし、細かな情報をすべて1枚の地図に書き込もうとすると、なかなか大変です。この図には、視覚化にどうしても必要な情報だけを記入し、残りは備考としてまとめるようにしましょう。このとき TOOL 08.1 で作成したコンテンツ概観表で割り振った番号を使うと便利です。表 08.3 に示すのが、コンテンツの生態系のマップ例です。

表 08.3 コンテンツ生態系マップ

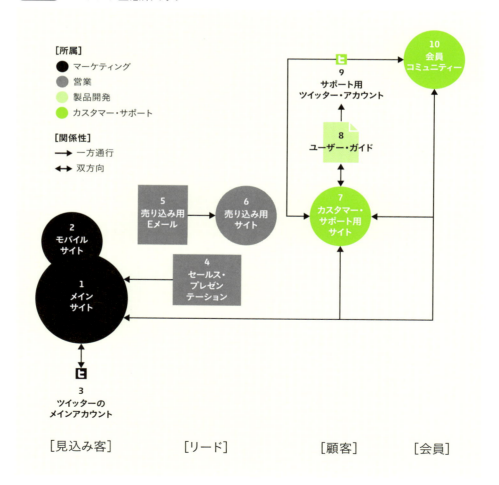

備考メモの例も紹介しておきましょう。

---

❶ メインサイト
メインのマーケティングチャネル
リード創出用の入力フォームを含む。これを使って見込み客を顧客へと誘導する

❷ モバイルサイト
メインサイトの一部を含む
ただしフォームへの入力はできない

❸ Twitterメインアカウント
最近ニュースや研究など、業界に影響を与えそうな出来事に対して意見を述べる場所
見込み客に提供物を認識してもらう一助とする

❹ セールス・プレゼンテーション
売り込みのキャッチフレーズのテンプレート
特定の見込み客に合わせてカスタマイズすることも

❺ 売り込み用Eメール
プロモーション用Eメールのテンプレート
担当者に時間があれば、相手に合わせてカスタマイズすることも

❻ 売り込み用 ウェブサイト
営業部が作る見込み客へのプロモーションサイト
目標は、見込み客に合わせて簡単に内容をカスタマイズできるようにすること

❼ カスタマー・サポート用サイト
顧客が基本的な質問をしたり、ユーザー・ガイドを入手したり、
製品に関する詳細情報を得たりするための公開サイト

❽ ユーザー・ガイド
製品に関する紙の説明書と、
カスタマー・サポート用サイトから飛べるオンライン・ガイドの2種類

❾ サポート用Twitterアカウント
顧客が製品について質問をするTwitterアカウント
担当者1名がモニターし、適宜返答する

❿ 会員コミュニティー
会員になった顧客向けサイト
掲示板を使い、製品のうまい使い方などを話し合う
※こうした情報は、のちに知識ベースとして集積される

コンテンツのスナップショットを撮る
Content snapshots

これで、コンテンツの全体像を構成する要素を把握することができました。少なくとも、その大半は把握できたはず。さて次は、各要素の分析に入りましょう。私はこの作業を、さまざまな角度からコンテンツのスナップ写真を撮ることだと考えています。

Chapter01で、コンテンツの実際の状態を確認する前に、コンテンツの何を知りたいかを書き出す、という話をしたのを覚えていますか？　ここでも同じ作業をする必要があります。質問としては、次のようなものが考えられるでしょう。

- コンテンツの「量」はどのくらいか
- コンテンツはどの「場所」にあるか
- 「何」に関するコンテンツか

表08.4 コンテンツインベストリの例

番号	名前	URL	参照／リンク	利用
0.0	ホーム	www.confabevents.com	Confab基調講演ページ Confab集中講義ページ Confab上級者用ページ	毎月70億ビジット
1.1	Confab基調講演	www.confabevents.com/events/central	講演者紹介ページ プログラム紹介ページ 開催地紹介ページ 登録ページ	毎月40億ビジット
1.1.1	Confab基調講演：講演者紹介ページ	www.confabevents.com/events/central/speakers	登録ページ 「上司を説得」ページ 講演内容ページ 講演者のツイッターページ	毎月35億ビジット

- 「誰」を対象に書かれているか
- 顧客がライフサイクルやセールスファネル上で抱きそうな質問に答えられているか
- ユーザーにどんな印象を与えているか
- 作られた目的は何か
- ほかのコンテンツとどうつながっているか
- 明快に、わかりやすく、読みやすく書かれているか
- 説得力のあるCTA、あるいは次のステップへの誘導が含まれているか
- ユーザーにとって見つけやすい場所にあるか
- 検索エンジンで見つかるか
- わかりやすく整理されているか
- どんな構造で、どこに保存されているか
- 獲得しているトラフィックはどれくらいか
- 情報は最新かつ正確か
- 責任者は誰か

構造	SEO（タイトル）	SEO（ディスクリプション）	SEO（H1タグ）
各イベントの見出し／導入文／画像／説明文	ホーム：Confabイベント	コンテンツストラテジーは必要不可欠です：Confabは、世界最高のコンテンツストラテジーに関する会議の場。仕事の能率を上げ、ふさわしい顧客を見つけましょう。そして世界を広げましょう	コンテンツストラテジーは必要不可欠です
イベント名＋日時と開催場所／イベント詳細タブ／見出し／導入文／画像／サブページのタイトル4点	基調講演：Confabイベント	Confabは世界最高のコンテンツストラテジーに関する会議で、毎年ミネソタ州ミネアポリスで開催されています	コンテンツストラテジーの世界最大のイベント
イベント名＋日時と開催場所／イベント詳細タブ／見出し／導入文／リンク・ボタン／講演者近影／講演者名＋記事名＋ツイッターのハンドル＋別講演へのリンク	講演 - Confabイベント	基調講演の講演者はこちらでチェック	講演者

たくさんありますね。ですから、作業期間やリソース、予算の範囲内でどれだけ深い分析ができそうかを考え、それに合わせて優先順位付けをしてください。どれを優先し、どれを採用するかは、業種やプロジェクトの目標次第なのでなんとも言えません。ですが、「何を知るべきか」さえあなたが把握できていれば大丈夫です。それを知る方法やツールについては、これからご紹介していきます。

コンテンツインベストリ

1つ目の方法は、インベストリ（目録）の作成です。つまり、プロジェクトに関連するコンテンツのリストを作ることです。目録作りは、次のような定量的で客観的な疑問の答えを得るのに最も適した方法です。

- コンテンツの「量」はどのくらいか
- コンテンツはどの「場所」にあるか
- ほかのコンテンツとどうつながっているか
- 検索エンジンで見つかるか
- どんな構造で、どこに保存されているか
- 獲得しているトラフィックはどれくらいか

こうした疑問に答えを出すには、やはりスプレッドシートに情報をまとめるのがよいでしょう。作業には、プログラムなどに自動で任せられるものと、手動で書き出さなくてはならないものがあるはずです。そこで、まずは最初に自動でできる情報を入力してから、残りを手動で書き込みましょう。できあがったスプレッドシートは 表08.4 のような形になるはずです。

スプレッドシートの構成は、データをどう分析したいかによって異なります。ウェブサイトと現状のコンテンツのすべてを網羅した全体像を把握したいのなら、1枚のシートにすべてをまとめて書き込み、たとえばウェブコンテンツと付帯コンテンツの違いがわかるように目印を付けるようにすれば大丈夫です。一方で、コンテンツの種類やサイト別に分析したいなら、サイトやコンテンツごとに別のシートを用意すべきでしょう。

1 | ウェブサイト

ウェブサイトの分析をするなら、CMS／アクセス解析ツール／サイト・クローラーを使って全URLのリストを取得する必要があります。どんなデータが得られるかは、使うツールによって変わってきます。例を挙げましょう。

> **Hint**
> ページ数が500ページ以下なら、自分の目ですべてのページを見て、構造やSEO情報、関連コンテンツ等を理解することもできます。これより大きいサイトの場合は、プログラムを走らせて確認したほうがよいでしょう

- **CMS：**
  サイトマップの階層構造に基づいたページのリストを入手できる
- **サイト・クローラー：**
  有料／無料を含めさまざまな種類があり、手に入る情報も異なる
  なかには、ページタイトル／メタ・ディスクリプション／H1タグなど
  SEO情報をすべて取得してくれるものもある
- **アクセス解析ツール：**
  トラフィック数などのデータを含んだURLのリストが手に入る
- **その他：**
  リンク切れや、どこともつながっていないページを見つけてくれるツールもある

1つのツールですべてをこなせるものはありませんから、自分の手で記入すべき情報も出てきます。たとえば、あるページにある別のページやサイトへのリンク、ページ構造のテンプレート（本文／画像／サイドバーの情報など）は自分の目で確かめる必要があります。

2｜紙媒体

オフラインのコンテンツインベストリも、自動で作成できるはずです。自分で検索・整理をする前に、企業内に過去の販促素材の保管庫がないかを調べ、管理担当者にプリントアウトしてもらえるか確認しましょう。

自分で記録する必要があるときは、ステークホルダーに制作を担当した／持っている紙媒体がないか訊くとよいでしょう。そのあと、製品ごと、あるいはオーディエンスごとなど、カテゴリーごとに分類してください。

3｜アプリ

今のところ、アプリケーションの全コンテンツのインベントリ作成に便利なツールを見つけられていません。スクリーンやシナリオを網羅したマップ等は、おそらく手に入ると思います。ただ、そこに含まれるコンテンツを知りたいなら、自分の目で一つ一つ確認して、見つかった情報を記録していく必要があります。

Key Words

サイト・クローラー
プログラムでサイトを巡回し、サイトの中身をローカルにダウンロードするロボットのこと

Hint
ここでは、コンテンツの構造をまだあまり整理していない想定の下で話を進めています。CMSを使って整理すれば、コンテンツがいかにぐちゃぐちゃに混在しているかがわかることでしょう。この件については、サラ・ワクター・ボーチャー著『Content Everywhere: Strategy and Structure for Future-Ready Content』やカレン・マクグレイン著『Mobile Content Strategy』もとても参考になります

コンテンツオーディット

コンテンツオーディットは、次のような定性的な疑問、つまりどちらかと言えば主観的な疑問に答えを出すにベストな方法です。

- 「何」に関するコンテンツか
- 「誰」を対象に書かれているか
- 作られた「目的」は何か
- 明快に、わかりやすく、読みやすく書かれているか
- 説得力のあるCTA、あるいは次のステップへの誘導が含まれているか
- 情報は最新かつ正確か
- 制作担当者は誰か

最後の2つは客観的な疑問に思えるかもしれませんが、ここに入れました。このような人物が関わる疑問は、企業やコンテンツの背景情報を教えてくれるからです

Chapter01では、コンテンツの問題点を探り出す段階でのコンテンツオーディットを紹介しましたよね。ここで実施するオーディットも基本は同じですが、規模や細かさ、評価の基準が異なります。まずはここでも、コンテンツのどんな部分を監査するかという「属性」、属性について問う「質問」、そして評価に必要な「情報」を決めましょう。 表08.5 は、Chapter01と同じ形式を使いながら、属性や質問を変えたものです。

表08.5 コンテンツオーディットシート

属性	セルの値	質問	探す／記録する情報
トピック	〈製品／サービス〉〈業界のトレンド〉〈ヘルプ〉	「何」に関するコンテンツか	メイントピックを記録し、サブトピックは備考としてメモする
目的	情報提示 説得する／納得させる 気持ちをつかむ 不明	コンテンツの「目的」は何か	メインの目的を記録し、サブ目的は記録しない
所有者	マーケティング 人事 PR 製品チーム	情報を正確かつ最新に保つ所有者は誰か	個人名や役職がわかる場合はメモする

> **Hint**
> コンテンツオーディットシートは、 TOOL 01.1 をアレンジして作成できます

すべてのページの監査が必要かは状況によります。そこで、次の3つを考慮しながら、どうするかを決めましょう。

- 誰か一緒に監査してくれる人はいるか。たとえば、コンテンツの所有者が担当ページやセクションの監査をやってくれる可能性はあるか
- 時間をどれくらいかけられるか。作業時間枠の中で、現実的に判断する必要がある。特に、このフェーズで監査が最も重要な作業でないのなら、なおさら現実的に考えるべき
- 質問の典型的な答えを得られそうなサンプルはあるか。巨大なサイトの場合、ある程度の監査を終えた段階で、すぐにパターンが見えてくることも多い

作業ボリュームはさておき、まったく監査しないよりはマシです。すべてを分析したなら、より多くの典型例や具体例に基づいた提案ができます。サンプルの監査だけでも、問題の概要はつかめますから、提案段階ではこれだけでも話が進められるはずです。

コンテンツマップ

コンテンツマップは、ビジネス側とユーザー側の視点をつなぐ架け橋です。マップは次の疑問に答えを出してくれます。

- そのコンテンツは、顧客がライフサイクルやセールスファネルの過程で抱きそうな質問に答えられているか
- そのコンテンツが作られた目的は何か
- 説得力のあるCTA、あるいは次のステップへの誘導が含まれているか

> **Hint**
> **TOOL 07.2** では、コンテンツマップ作成のエクササイズについても解説しているので参考にしてください

「コンテンツマップ」という言葉の意味は、人によってさまざまでしょう。私は、ユーザーがやりたい／知りたいこと、企業側がユーザーにしてほしい／理解してほしいこと、そして、そうした目的を達成する手段であるコンテンツの3者の関係を図式化したものという意味でこの言葉を使っています。私はたいてい、コンテンツマップ作成作業は、Chapter07のワークショップと平行して行うようにしています。

さて、その手順を解説しましょう。

❶ 大きなホワイトボードに、ユーザーの購入への道筋や、カスタマー・ジャーニーを簡単に示したワードを書き出します。「（気持ちをつかむ）以前」「（気持ちをつかんでいる）現在」「（気持ちをつかんだ）以後」というような、ものすごくシンプルなものでかまいません。あるいはセールスファネル理論にならって、「認知」「調査」「検討」「購入」という言葉を使うのもよいでしょう

❷ ワークショップのエクササイズで作成したユーザーのストーリーを見直し、ユーザーがストーリーの結末へたどり着くまでに抱く疑問、終えなくてはならないタスクをすべて書き出します

❸ 集まった大量の疑問やタスクを、カスタマー・ジャーニーに沿って整理・分類します

❹ 疑問に対する想定上の答え、タスクに対応する想定上のCTAを付箋にメモします。これらを、対応する疑問／作業の横に並べます

❺ ブレインストーミングを行い、カスタマー・ジャーニーのどの段階で、どのコンテンツが疑問への答えを出し、タスクに対するCTAを示しているかを明らかにします

できあがったコンテンツマップは次のような形になるでしょう。もちろん、実際はもっと大量の付箋が貼られていて、こんなにすっきりとしてないと思いますが……。

表08.6 コンテンツマップ

認知		調査		検討		購入	
疑問	メッセージ	疑問	メッセージ	疑問	メッセージ	疑問	メッセージ
タスク	CTA	タスク	CTA	タスク	CTA	タスク	CTA
現行コンテンツ		現行コンテンツ		現行コンテンツ		現行コンテンツ	
コンテンツのギャップ		コンテンツのギャップ		コンテンツのギャップ		コンテンツのギャップ	

ユーザーテスト

ユーザーテストは、次の疑問に答えてくれます。

- そのコンテンツは、顧客がライフサイクルやセールスファネルの途上で抱きそうな質問に答えられているか
- そのコンテンツは、ユーザーにどんな印象を与えているか
- 明快に、わかりやすく、読みやすく書かれているか
- 説得力のあるCTA、あるいは次のステップへの誘導が含まれているか
- ユーザーにとって見つけやすい場所にあるか

私は、ここで行うユーザーテストを3つのカテゴリーに分類しています。見つけやすさ／読みやすさとわかりやすさ／印象の良さの3つです。どんなカテゴリー分けがふさわしいかは、テストで何を知りたいかによって変わってきます。

ここからは、Chapter07と同じ歯科医の例を使って解説してみましょう（すでにウェブサイトができあがったという想定です）。これを参考にしながら TOOL 08.2 をダウンロードして、自分なりのユーザーテストのプランを練ってください。

1 | 見つけやすさ

ウェブサイトへやって来たユーザーが、情報を見つける際の難易度のことです。訪問の理由は、情報を入手したいときもあれば、タスクを遂行したいときもあります。
歯科医の例なら、「診察時間の情報を見つけるにはどうすればいいか」とか、「美容歯科に対応しているかはどのページへ行けばわかるか」といった質問が考えられます。

2 | 読みやすさとわかりやすさ

コンテンツを消化し、取り込む難易度のことです。読みやすさやわかりやすさを調べるには、テストの参加者にページ（あるいはコンテンツの一部）を読んでもらい、それに関する質問をするといいでしょう。
歯科医の例なら、サービスに関するコンテンツを読んでもらった後に「ここの歯医者は美容歯科に対応していますか？」とか「何歳から診てくれると書いてありましたか？」といった質問を投げかけてみるわけです。

> **Hint**
> コンテンツの読みやすさやわかりやすさを調べるのにちょうどよいツールがいくつかあります。私はwww.hemingwayapp.comがパッと調べられてお気に入りです

3 | 印象の良さ

印象の良さとは、コンテンツがユーザーにどんな印象を与えるか、それが彼らの振る舞いにどう影響するかということです。 TOOL 01.2 超シンプルなユーザーテストなどは、まさしく印象の良さを問うテストと言えるでしょう。2色のマーカーを使いながら、コンテンツについてどう思うかをハイライトしてもらったアレです。思い出しましたか？

もう1つ、同じコンテンツの2つの異なるバージョンを提示し、それぞれユーザーに感想を尋ねる「A/Bテスト」という方法もあります。

歯科医の例なら、当院とライバル医院のページを比べる、現行バージョンと修正バージョンを比べる、という手が考えられます。そうした2バージョンのコンテンツを読んでもらってから、コンテンツについてどう思ったか、あるいは自分だったらどっちの歯医者を選ぶかといった質問を投げかけましょう。

Content Strategy
TOOL 08.2

ユーザーテスト・サンプル

⬇ Tool_8.2_Sample_User_Tests.docx

コンテンツに関するユーザーの感想を手に入れましょう

- 1回のテストは長くならないように。1回30分、もしくは15〜30分のテストを何回か実施することを目標に
- 参加者は、カスタマー・ジャーニー上の適切な地点にいるユーザーを選びましょう。たとえば、営業や販促コンテンツの調査をしたいなら、常連客ではなく、提供物を買ったばかりの顧客を選ぶべきです
- 目的はコンテンツの評価であって、ユーザーの評価ではないことをしっかり伝えましょう
- 参加者にはギフト券などの謝礼を出し、協力してくれたことへの感謝を示しましょう

▶ Brain Traffic [www.braintraffic.com]

あなたは今、コンテンツに関する情報の海でおぼれそうになっているかもしれませんね。でもそれこそが、コンテンツストラテジーを前進させる（そしてあなたをヒーローにする）原動力となるのです。次章では、コンテンツの役割とプロセスを調べておきましょう。戦略を実行するには、どのコンテンツが機能していて、どれが機能していないかを見極めることが大切になってくるのです。

Chapter 09
ピープル・プラン・プロセスを見直す

Part2では、ステークホルダーとの協調が、企業の目標と合致した結果を出せるかどうかの鍵だという話をしました。ですが、必要なスキルを持った人間を適切な人数だけ確保し、効率的かつ効果的なプロセスを使って適切なコンテンツを制作することも、これと同じくらい大切です。

私の見立てでは、コンテンツを何とかしてほしいと言って依頼を持ちかけてくるクライアントの90％が、ピープル（人材）、プラン（計画）、プロセス（工程）に大きな問題を抱えています。

本章では、クライアントや企業に適切な役割、スキル、プロセスが備わっていて、戦略を支えるようなプラン作りやコンテンツ制作ができているかを探ります。そして、調査の結果見つかった制約を踏まえて、戦略や提案が現実的に実行できるかを確認します。

ピープル（人材）の問題

Problems with roles and responsibilities

多くの場合、コンテンツの問題は、その明確さが足りないことが原因にあります。どんな仕事があるのか、誰がその仕事をしているのか、そして現実的な達成目標は何か……。今から話す状況に思い当たる節があるなら、この章は絶対に読み飛ばさないでくださいね。

- ウェブサイトが、あらゆるコンテンツの掃き溜めになってしまっている。とにかくサイトへ放りこむ以外に、誰もうまい使い方がわからないからだ
- 外部へ公開されているウェブサイトなのに、その構造が事業部や製品名ごとになっている。その方が、企業内の人間にとってわかりやすいというだけの理由で
- ホームページの中で最も有益なコンテンツは、企業の歴史について語るCEOからのメッセージだけ
- ホームページに会社のあらゆる部門の広告コンテンツが無造作に詰め込まれ、ページがコンテンツのごった煮状態になっている
- サイトに新しいセクションを付け加えようとしているが、そのコンテンツがどこから出てきたものか、誰にもさっぱりわからない
- ちょうどブログ記事がアップされたが、これがブランドイメージとかけ離れた失笑ものの内容。それなのに、波風を立てたくないからと、誰も削除すべきだと言わない
- 人事部が、外部の制作会社に外注して、マイクロサイトを開設したことがわかった。メインサイト内に作るには社員の技術が足りず、さりとてスキル向上を待っている時間もないからだという
- 同僚から、新しいブログ開設の計画立案のためのキックオフ・ミーティングに参加してほしいというメールが届いた。いや、ちょうど上司から、同じようなプロジェクトを立ち上げてほしいと言われたばかりなんだけど……
- たった2人のチームに、どうやっても4人は必要な仕事が割り振られ、身動きが取れなくなっている。しかも、どれも最優先で終わらせなくてはならない仕事だ

Key Words

マイクロサイト
本体サイトとは別に構築されたサイトを指す。本サイトとは別の、独自URLで運用されることが多い。

問題の種類

では、人材の役割や担当にどんな問題があると、こうした不幸なシナリオが生まれるのでしょうか。多くの場合、問題の原因は、次の4つのどれかに関係があります。役割の明確性／スキルと経験／意思決定と決定権者／仕事のキャパシティの4つです。

1 | 役割の明確性

役割の明確性は、複数の人間に同じ作業が割り振られた（あるいは割り振られたと思った）ときに揺らぎます。たとえば、ウェブサイトのコンテンツを制作し、ヘルプの編集を行うのはウェブコンテンツの専門家の担当ですが、同時にカスタマー・サポート部の誰かも、それは自分の担当だと思っているかもしれません。そうなると、部署間で不幸な政治的綱引きが始まったり、時間と資金が無駄になったり、ユーザーへ提供する体験に一貫性がなくなったりといったことが起こってしまいます。

逆に、誰も自分の担当だと思って（把握して）いなかったものが、実は自分の担当だったということもあります。たとえば、製品のデータベースとCMSの連携がまったく取れていなければ、商品化チームが自分たちのデータベースの製品情報を変更したのに、その変更がウェブサイト制作チームに伝わらず、ウェブサイトの情報に誤りが出るという事態を引き起こしかねません。たいしたダメージではないこともあるでしょう。しかし、たとえば価格変更や法律関係の情報に更新があったのに、それがサイトに反映されていなければ、会社は重大な損害を被り、ブランドイメージが損なわれることさえあります。

2 | スキルと経験

スキル不足や経験不足の問題にはいくつかの種類がありますが、いちばん多いのは、能力や専門知識がその仕事で要求されるレベルに達していないというものでしょう。

あなたのチームのテクニカルライターは、高度な知識を持った修理スタッフ向けの仕様書やマニュアルを書くのは得意でも、そうした情報をかみ砕いて、一般ユーザー向けのオンライン・マニュアルを書くのは苦手ということはないでしょうか。この場合、ライターに訓練や指導を行って、スキルアップを図る必要があります。

あるいは、文章力がすばらしいライターは揃っているけれども、インフォグラフィックや動画といった補助コンテンツの制作は皆ずぶの素人ということもあるかもしれません。戦略上、視覚的にわかりやすいコンテンツが不可欠となれば、作業を外注に出すべきか、社内で何とかする方法を見つけるかを決めなくてはなりません。

もう1つよくあるのが、スタッフの専門知識のレベルや本来の役割が、割り振られた仕事と合っていない状況です。つまり、その人の経験や能力に見合わない仕事を回されているわけです。よく見かけるのが、俯瞰した立場から戦略を練るべき役職にある人が、コピーライティングや編集

といった現場の実務をこなしている状況。原因は、上司の資質の問題のときもあれば、単純に人手が足りないときもあります。

ほかには、仕事ぶりが評価されてリーダー的な立場に昇進したものの、まわりを指揮することにまったく興味がない人もよく見かけます。この場合、そのリーダーも部下も不満を抱えることになります。部下は、上司にリーダーシップが足りないと感じ、リーダーは目の前の仕事に没頭できた時代を恋しく思うのです。

3 | 意思決定と決定権者

決定権者とは、コンテンツに関する意思決定を行い、ゴーサインを出す権限を持った責任者を指します。決定権者に関する問題は、ときに、責任者が誰もいない場合に生じます。責任には2つの種類があります。1つは「戦略における責任」もう1つは「実行における責任」で、そのどちらも重要です。

戦略の責任者がいなければ、どんなコンテンツを作り配信すべきかを定めることはほぼ不可能です。戦略の責任者とは、サイトの目標やリソースの割り振り、予算の承認、コンテンツ制作のプランニングなどに対して、最終的に責任を持つ人間です。そうした"指揮官"がいなければ、作ったコンテンツがビジネス目標の達成に貢献せず、時間と資金はすべて無駄だったという結末に終わるのが関の山でしょう。

一方で、実行の責任者がいなければ、戦略的ビジョンあるいはビジョンに基づいたコンテンツ制作のガイドラインと、実際に作るコンテンツがずれてしまいます。コンテンツの制作要請に対し、それがビジネス目標にそぐわない、あるいはユーザーのニーズを満たさないものだったときに「ノー」を言える人がいなければ、めちゃくちゃなメッセージを発したり、おかしなCTAを示したりして、クライアントや見込み客を混乱させてしまいます。

4 | 仕事のキャパシティ

仕事のキャパシティーには、これまで話してきた3つの問題がすべて関わってきます。役割、スキル、そして意思決定は、どれも仕事量に影響するのです。

企業や組織ではときに、週に40時間の勤務時間ではどう考えてもこなすのが不可能な量の仕事が割り振られます。この問題は、企業が仕事にかかる時間を完全に見誤っているとき、あるいは設定された期間内で終わらせるには人数が足りないとき（あるいはその両方）に生じます。

また、これとは反対のケースもあって、それはそれで問題です。つまり、人員過剰の状況ですね。与えられた仕事に必要なスキルをスタッフが持っていないときもあれば、企業が以前よりも制作するコンテンツの量を減らしているときもあります。

> **Hint**
>
> 人材の問題は、非常に個人的かつ政治的な側面を持つことがあります。ですから、前向きに対処したいという姿勢を見せましょう。皆、問題があることはすでに自覚している場合が多いです。なかには助けを求めたり、変更を促すという形で、すでに対処を試みている人もいるはずです。慎重に事を進めましょう。

問題の見つけ方とまとめ方

ピープル（人材）に関する問題を見つけだすには、いくつかの方法があります。私の場合、まずはステークホルダーへのインタビューの場を設け、現場のどの仕事を誰が担当しているか、仕事の割り振りや優先順位付けはどうなっているかを把握します。

インタビューでは、次のような質問をします。同じ質問に対して、いろいろな人から似たような答えが返ってくることもあれば、まったく異なる答えが返ってくることもあるでしょう。対処すべき課題が新たに見つかるかもしれません。

- 基本的な1日の仕事の流れを教えてください
- あなたがやっている仕事で、とりわけ大切だと思うものを3つ挙げてください
- 上司は、あなたの仕事について、とりわけ大切な3つは何と言っていましたか？
- ToDoリストの中で、いつもいちばん後回しになりがちな作業はなんですか？
- 仕事は、どういうふうに割り振られてきますか？
- これまで、仕事を終わらせてみたら、実は別の誰かが同じプロジェクトや作業をやっていたということはありませんでしたか？

もう1つは、企業内の職務内容を示した「職務記述書」を見直すという方法です。やってみると、複数の役職で重複していたり、どの記述書にも書かれていない仕事や作業が見つかるはずです。たとえば、製品開発責任者は、ウェブサイトなどのコンテンツの確認、専門家との面談、公開されたコンテンツの正確性の確認といった仕事に多くの時間を費やします。しかし、こうした非常に大切な作業が、記述書に明記されていることはめったにありません。

そこで、何が起こっているかをきちんと把握するために、コンテンツ制作者や公開者に、**TOOL 09.1** 作業時間割当調査シートへの記入を依頼しています。この方法は、元BrainTraffic、現Dialog Studiosの経営者クリスティーン・ベンソンが編みだしたものです。

シートには、一週間でこなした作業と、それぞれの作業にかかった時間を記入してもらいます。回収したシートの情報を、見た目でわかりやすいよう、円グラフに変換しましょう。きっと驚きますよ。彼らがいかに、無駄なミーティングや想定外の作業に時間を割かれ、必要な作業にほとんど時間をかけられていないかがわかるはずです。

こうしてインタビュー、記述書の確認、時間の使い方の調査が終わったら、集まった情報を組み合わせてみてください。想定される職務内容と現実とのずれが浮き彫りになるでしょう。このデータは、あとでコンテンツ制作に関する提案をする際にも、すごく役に立ちます。

Content Strategy TOOL 09.1

作業時間割当調査シート

⬇ Tool_9.1_Job_Time_Worksheet.xlsx

コンテンツ制作に携わる人材が勤務時間をどう使っているかを把握します

- ✓ こなした作業は必ずすべて書き込むよう念を押しましょう。ほんの数分の作業でも。そうした雑務が積み重なって、時間を浪費しているのですから
- ✓ ワークショップ内でシートに記入してもらう方法もあります。この場合、ワークショップを話し合いの場として活用しましょう。いつも後回しになりがちな仕事は何か、メインの仕事に毎週どのくらいの時間をかけられているかといったことを聞き出しましょう

▶ Brain Traffic [www.braintraffic.com]

プランとプロセスの問題
Problems with planning and process

大量のコンテンツを急いで作ろうとすると、どうしてもビジネス目標やユーザーに合わせたコンテンツという視点がないがしろになりがちです。その逆も問題です。戦略に沿ってすばらしいコンテンツを作っても、時間と資金が無駄に注ぎ込まれていれば、コンテンツの価値が半減してしまいます。

誤解を恐れずに言えば、あなたが働く、あるいは受け持つ企業は、おそらくコンテンツの制作・公開のプラン作り、そしてプランを費用・期間の両面から効率的に進めるプロセスに問題を抱えているはずです。これから挙げる状況に馴染みはありませんか？

- ◾ ウェブサイトのコンテンツのケアレスミスを直すだけの作業に、新しいページを一から作るのと同じだけの時間がかかる
- ◾ 製品やサービスに関する「絶対の真実（Chapter05参照）」がないから、コンテンツを何度も何度も書き直さないとならない

- CMS上でレビューや承認プロセスを処理できる設定になっていない。だからWordファイルをメールでやり取りしたり、まったく別の複数のシステムを使ってプロセスを管理しないといけない
- コンテンツの制作・レビュー・公開に使うツールとプロセスがチームごとにばらばら。そのため企業内には、そのすべてを学ばないと仕事が進められない人がいる
- コンテンツの制作要請が戦略に合致しているかをチェックし、バランスを取る仕組みが整っていない。結果、頼めばウェブ制作チームがなんでも作ってくれるという認識になっている
- チャネル同士の連携が取れるようなチーム編成になっておらず、サイトに一貫性のない雑多なメッセージがあふれている

問題の種類

こうしたプランとプロセスの問題を引き起こしている原因はなんでしょうか？　ありがちなのが、意思決定に関する問題と、コンテンツの制作・公開までのワークフローに関する問題の2つです。

1 | 意思決定

意思決定の問題でいちばん厄介なのは、どのコンテンツの制作や改善に力を注ぐかという優先順位付けの部分です。この問題は、コンテンツストラテジーや、それに類する指針がないときに起こりがちです。また、戦略の土台となる意思決定の枠組みが定まっていないときにも同じ問題が生じます。

戦略がなければ、コンテンツを大量に作ったものの、どれもビジネス目標に貢献しない、あるいはユーザーのニーズや期待にそぐわないという事態が起こります。こうした無駄なコンテンツの存在は、企業の収益へダイレクトに響きます。コンテンツ作りを外注しているならなおさらです。

また、戦略を立てたとしても、そこにしっかりした意思決定の枠組みがなければ意味がありません。なぜならまず、カギとなる要素（たとえば、ビジネスへの影響を重視するか／ユーザーの利益を重視するか）を基準に、プロジェクトに優先順位を付けるのが難しくなるからです。そして優先順位がわからないので、必要なリソースを得られない、得られたとしても戦略上の重要度とかけ離れたような扱いになりがちです。こうした状況は、テクノロジー／ウェブ開発チームに膨大な量の作業が割り振られるものの、優先順位付けの基準がないときに生まれがちです。

もう1つ、プロジェクトにどれくらい力を注げばよいのかわからなくなるという問題があります。プロジェクトの中には、やりがいがあって面白いが時間はかけられないものもあれば、逆に単純作業ばかりの退屈なプロジェクトだけど企業の目標達成という点では重要なものもあります。

2 | ワークフロー

ワークフローとは、スタッフやチームが作業をこなす際にたどる手順のことです。ワークフローに問題が生じる理由はさまざまですが、原因としては、プロセスの組み立て方、プロセスで採用するテクノロジーやツールの使い方、そしてワークフローに含まれるチーム間の連携の取り方などが一般的でしょう。

たとえば、コンテンツの配信チャネルごとに別々のワークフローを採用していたり、チャネル間の連携や連絡がほとんどない、今や無駄でしかない手順を含んだ時代遅れのワークフローを使い続けている企業に起こりやすい問題です。技術的な制約や制限も余計な仕事を増やしますし、同じ作業をこなすのに使うツールがチームごとに異なる場合もあるでしょう。チーム編成に問題があり、（同じ部署や事業部内に作られたチームなのに）必要な連携や連絡が取れないせいで、コンテンツの質が落ちる、というのもありがちです。

問題の見つけ方とまとめ方

私の場合、意思決定の進め方やワークフローについて調べる際は、ステークホルダーへのインタビュー、そしてグループでのエクササイズを活用しています。まずインタビューでは、ピープルの項で紹介した質問を出発点に話し合いを重ね、コンテンツのプラン作りや制作・レビュー・修正・公開のプロセスをくまなく探っていきます。

意思決定の問題を明らかにするときは、クライアントやステークホルダーに、最近下した決断を評価するエクササイズを行ってもらいます。プロジェクトの承認に使う採点システム、つまり、何らかのプロジェクトが提案されてきたとき、何をもってそれを評価するか、という基準を定めてもらうのです。

採点システムは、左半分にプロジェクト、右半分に評価基準を書き込むだけの簡単なものです。点数は、［低＝1点］［普通＝2点］［高＝3点］です。 表09.1 は、この採点表の例です。

ワークショップを通じて採点システムを作る方法もあります。この場合の進め方は、 TOOL 09.1 で解説しているので、ここでは簡単な説明にとどめます。

まず、最近実施したプロジェクトを10個ほど挙げてもらいます。次に、そのプロジェクトの評価基準を定めてもらいます。ビジネスへの影響とユーザーへの影響の2つが、最も一般的な基準でしょう。誰かが点数を決めて異議が出なければ、その点数を記録します。もし異議が出た場合は、話し合いを進めます。そうした話し合いからは、意思決定の進め方に関する貴重な発見があるはずです。こうして最終的なスコアを合計したら、エクササイズを通じて評価してきたプロジェクトについて、話し合いや、必要であれば再評価をしてもらいましょう。

CHAPTER 09: ピープル・プラン・プロセスを見直す

表 09.1 コンテンツ制作プロジェクトの採点表

プロジェクト概要	ビジネスへの影響	ユーザーへの影響	合計
企業情報セクションのリライト	1	1	2
ソートリーダーシップに関するコンテンツの細分化（ブログ記事／動画／紙媒体など）またタグ付けを行い、サイト上の関連ページに表示されるようにする	2	3	5
製品詳細ページの制作 新しい情報は必ずそこで公開するようにする	3	2	5
双方向的な社史年表の制作	1	1	2

Key Words

ソートリーダーシップ
特定分野での先見的なテーマやソリューションを呈示し、顧客に新しい洞察や解決策を呈示する活動。既存製品にはないような新しいコンセプトを呈示するときに効果的とされている

プラン&プロセス・ワークショップ

Content Strategy TOOL 09.2

⬇ Tool_9.2_Planning_and_Process_Workshop_Activities.docx

ワークショップのエクササイズについて具体的な指示を記したテンプレートです。これを用いてワークショップを開催しましょう

- ✔ エクササイズのやり方は状況に合わせて調整しましょう。直接顔を合わせてワークショップを開催するのではなく、表を送って提出してもらう方法もあります
- ✔ フローチャートのエクササイズでは、あまり複雑になりすぎないようにしましょう。グループ作業でできあがったものを組み合わせてマスター版を作るとよいでしょう
- ✔ とにかく、ひたすら話に耳を傾けましょう。書きとめる作業も大切ですが、ワークショップでは、会話にこそ発見がひそんでいます

▶ Brain Traffic [www.braintraffic.com]

コンテンツ制作のワークフローを理解するには、作業の各手順を記したフローチャートを作るエクササイズがオススメです。チャートは全体を俯瞰した概要図でもかまいませんし、フローの一部分を細かく追った詳細図でも、その両方でもかまいません。ワークショップの参加者の顔ぶれや、ワークショップで何を理解したいかによって調整してください。

ここでは、全体像と詳細の両方を知りたいという想定で話を進めます。まずは、コンテンツのライフサイクルの基本となるステージをホワイトボードに書いてください。私は、計画／制作／レビュー／承認／公開／維持という6ステージを使っています。

次に、各ステージを構成するステップのチャートを作ってもらいます。次の6つの情報がわかるようなチャートを作ってください。

- なぜそのステップが必要か
- ステップの責任者と担当者、相談相手、情報を伝える相手は誰か
- ステップの実施場所はどこか（Wordファイル／CMS／メール／ミーティングなど）
- そのステップに費やす平均所要時間はどのくらいか
- 作業に用いるツールやガイドラインは何か（スタイルガイド／チェックリスト／アセットライブラリなど）
- 各ステップの結果は何か（コンテンツの概要書や戦略概要など）

付箋を使ったり、ホワイトボードに書き込んだりしながら、ステップやその詳細情報のチャートを作っていってください。ここでも、問題とチャンスに耳を傾けることが、チャートの質を上げるポイントです。

プロセスの複雑さによっては、いろいろなグループと何回もワークショップを開催しないと、チャートが完成しないこともあります。エクササイズが終わったら、チャートをデジタルに起こし、改善が必要な箇所やチャンスが眠っている箇所を探り出す際の参考にしましょう。 表09.2 に示すのは、ものすごくシンプルなフローチャートの例です。

表09.2 フローチャートの例

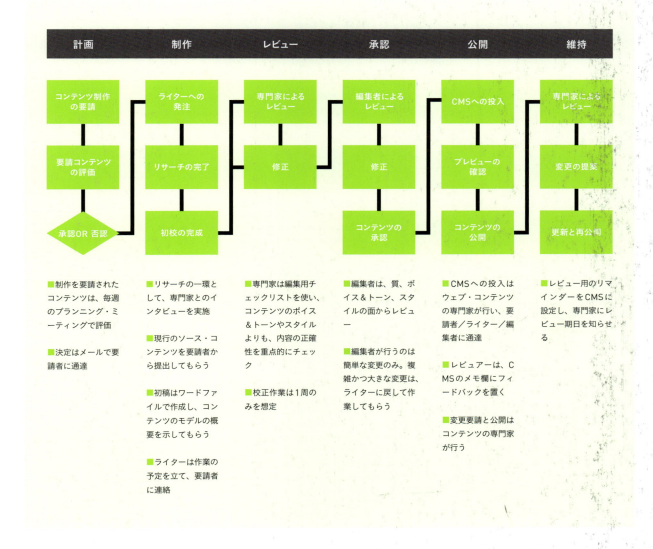

チェックが終わりました！
Planning, people, process: check

これで、問題発見に関する活動がやっと終わりました。きっと、いろんなことが学べたでしょうね。頭がふらふらしているかもしれませんが、大丈夫、それが普通です。

次章では、ここまでの4章で集めた情報を組み合わせ、戦略の前段階となる「戦略目標サマリー」を作成し、クライアントやステークホルダーと共有します。そしてこれを使って、達成目標や今後の展開について、全員の足並みを揃えます。

Chapter 10
集まった情報を まとめる

さて、ここまでのリサーチの感触はいかがですか？ きっと、かなりの手応えがあったでしょうね。大切なのは、この過程で蓄えてきた知識があれば、確固たるコンテンツストラテジーを打ち立て、意義ある提案が行えるという自信が生まれていることです。

しかし、その前にはまず、ステークホルダー（特に意思決定権と影響力を持つ人間。もちろん反対者もお忘れなく）とともに、集まった情報をチェックし直さなくてはなりません。

BrainTraffic社では、そのために「戦略目標サマリー」という文書を作るようにしています。そこには、次の4点に関する概要が盛り込まれています。

■ プロジェクトが引き寄せるビジネス目標とその理由
■ ユーザーのニーズに対する基本理解
■ 現行コンテンツの概況
■ 今後プロジェクトが注力すべき提案事項のロードマップ

サマリー作成の準備をする
Preparing a strategic alignment summary

戦略目標サマリー（この呼び方が気に入らなければ、好きな名前を付けてくださいね）には、2つの目的があります。まず1つは、プロジェクトに関与するステークホルダーの足並みを揃え、プロジェクトが必要な理由、そしてプロジェクトが達成へ近づけるビジネス目標の共通認識を生み出すこと。もう1つは、プロジェクトメンバーにとってのガイドブックとすることです。戦略や提案が、ビジネス目標やユーザーのニーズ、課題、チャンスに合致しているかを確認したいときの手引きとなるのです。

サマリーの作成に取りかかる前に、まずは注意事項をひとつ。ここで作る戦略目標サマリーと、Chapter11で解説する本格的な戦略計画（コア戦略ステートメント）は、必ずしも別々に作る必要はありません。必要かどうかを確認するには、**表10.1**のリストにイエス／ノーをチェックしていってください。5問すべてに回答し終わったら点数を合計。その点数が、戦略実行に向けた企業の準備レベルを示しています。

表10.1 戦略実行の準備レベルチェック表

イエス	ノー	質問
1	0	プロジェクトが解決する課題や問題について、ステークホルダーの認識は一致しているか
0	1	具体的な提案段階に入る前に、ステークホルダーの知識や理解のギャップを埋める必要はありそうか
0	1	このギャップは、コア戦略に対する考え方に劇的な変化を起こしそうか
1	0	戦略目標サマリーとコア戦略を別々に作り、それぞれのフィードバックを待っても、プロジェクトの完了期限に間に合うか
0	1	発見フェーズで見つかった情報の中に、ステークホルダーに大きな驚きをもたらすものがあるか

合計点が0〜2点の場合、まず戦略目標サマリーを作って関係者の承認を得た後に、本格的な戦略策定フェーズに入ったほうがよいでしょう。逆に3〜5点なら、両方をひとまとめにした文書を作って大丈夫です。ではいよいよ、発見した情報をまとめる作業に入っていきましょう！

チャンスと課題の明確化

サマリーの役割は、どんな課題やチャンスを対象にしたプロジェクトかを明確化することです。解決すべき課題や活用したいチャンスと、そのために必要なステップをつなぐことが、この文書の意義なのです。

そのための1つのコツが、課題とチャンスという一貫した視点でサマリーを作ることです。私はいつも、サマリーの「導入パート」の部分で、次の5点について述べるようにしています。

- 文書の大まかな目的
- プロジェクトの背景：
  プロジェクトを立ち上げるに至ったきっかけや進行の予定、発見フェーズで行った活動など
- ビジネス目標とプロジェクトの目的に対する現在の理解
- 課題とチャンスについての簡単な概要
- 今後のステップと完了期日のリスト

導入パートは、 表10.2 で示すサンプルのような文書となるでしょう。これは、とあるメンバーシップ組織を例にしています。メンバーを獲得・維持し、プレミアム・コンテンツの販売によって売上を伸ばすことがその目標です。

表10.2 戦略目標サマリー［導入パート］

この文書について

我々は以下のようなコンテンツストラテジーの4つのコア戦略に基づいた提案を行います。

■**サブスタンス［中身］：**
企業がどんなコンテンツを必要としているか、オーディエンスに対してどんなメッセージを発信する必要があるか

■**ストラクチャー［構造］：**
コンテンツの優先順位付けや整理、提示方法はどれがベストか

■**ワークフロー［工程］：**
コンテンツストラテジーの推進を支える最善のプロセス／ツール／人的資源は何か

■**ガバナンス［統治］：**
コンテンツやコンテンツストラテジーについての重要な決断は、どのような工程で下されるか

本文書は、コンテンツストラテジーを用いて効果的な提案を行い、
ひいては便利で使いやすく、用途も明確で、企業に利益をもたらすウェブコンテンツを制作するための土台となるものです。
文書の目的は、以下の2点でステークホルダーの足並みを揃えることです。

■ビジネス目標とコンテンツの目的
■コア戦略ステートメントと付随する提案が解決・活用する課題とチャンス

本文書に含まれる情報は、発見フェーズで入手したものです。
我々はステークホルダーへのインタビューとワークショップ、ユーザー調査、現行コンテンツの分析を実施しました。

次のステップ
■ 2月7日までにご確認いただき、フィードバックをお戻しください
■ 最終承認が出た段階で、コア戦略ステートメントと付随する提案を作成します

ビジネス目標とコンテンツの目的について

発見フェーズで得られた情報に基づき、
我々は御社のビジネス目標と、それに関連するコンテンツの目的について以下のようにまとめました。

ビジネス目標	コンテンツの目的
新規会員を開拓する	・会員になることが、業界へ参入したばかりの企業や、この業界に就いたばかりの人間にもたらす価値を具体的に示す ・入会のメリットを解説する
新規会員を1年間つなぎとめる	・会員向けコンテンツを見てもらう ・長期の会員が、業界でいかに有利な立場を得ているかを具体的に証明する
企業刊行物の売上やトレーニング・プログラムへの申込数アップ 対象は見込み会員と現行会員	・無料コンテンツや会員専用のコンテンツから、同じ話題を扱った高価値の有料コンテンツへ誘導する ・閲覧者の統計情報や関心、好みなどを学び、彼らが関心を持ちそうなコンテンツを自動的に勧める仕組みを作る

提案の概要

コンテンツストラテジーの4つのキー要素に基づき、御社のビジネス目標やコンテンツ目的を達成しうるために以下のような提案をします。

■**コンテンツを明確に定める**
専門家が業績を上げる、あるいは業界内での評価を確立する助けになるコンテンツを提示できれば、
メンバーを確実に獲得・維持できるようになります

■**コンテンツを整理して提示する**
コンテンツの価値が徐々に高まるような提示方法によって、閲覧者が非会員から会員へ変わっていく道筋が作れます

■**コンテンツ制作のガイドラインとツールを作る**
ガイドラインとツールによって、コンテンツ制作者／執筆者／レビューアーが戦略に沿ってコンテンツを作れるようになります

導入パートに続いて、それぞれのチャンスや課題について細かく紹介するパートに入ります。まずは、チャンスや課題をなぜ重要視するかを簡潔に説明しましょう。たいていは、ビジネス目標への到達を近づけ、ユーザーのニーズを満たすからだという説明になるはずです。また、そうした結論へ至った根拠も示します。つまり、それが本当にチャンスや課題かを証明するわけです。それから、戦略と付随する提案が、企業が課題を解決する、あるいはチャンスを活用する助けになることも示唆します。

ではまず、理由づけの部分の例を示しましょう。表10.3は、先の例のメンバーシップ企業との仕事で実際に作った戦略目標サマリーから抜粋したものです。

表10.3 戦略目標サマリー［チャンスの明確化］

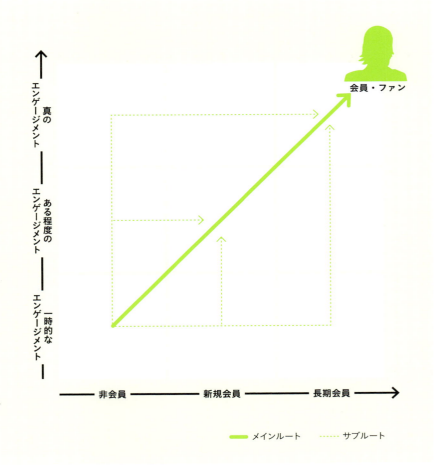

この例の場合、チャンスが重要な理由は、会費を増やすというビジネス目標に合致しているからです。そしてその証拠は、閲覧者は、ウェブサイトのコンテンツが仕事の役に立つとは感じていない、というユーザー調査から得られた情報があることです。その結論として、コンテンツストラテジーを使い、会員を維持・獲得するのに必要なコンテンツの定義を明確化すべきだという意見が示されています。

次は、チャンスや課題だと認識するに至った証拠を細かく提示する段階です。証拠がなければ、なぜそのチャンスや課題が企業にとって重要かを納得してもらうことはできません。証拠の提示は、戦略を実行する際の助けにもなります。この文書で証拠を示しておけば、行う作業がチャンスや課題に合致しているか不安になったときに、立ち返る場所とすることができるのです。先ほどと同じ例を使い、 表10.4 では今度は証拠提示のパートの抜粋を紹介しましょう。

表10.4 戦略目標サマリー［証拠の提示］

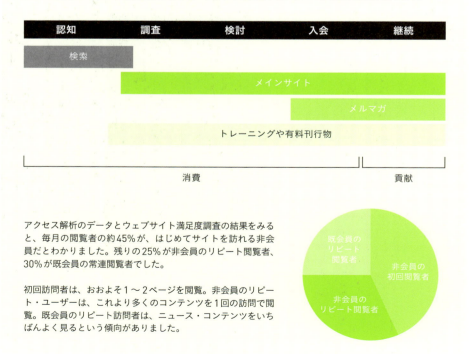

そして最後に、コンテンツストラテジーを使ってチャンスや課題に対応した場合の具体例を示します。対応例は、シンプルな文章のときもあるでしょう。たとえば、「コンテンツストラテジーとコンテンツの仕様に従って適切なCTAを定め、非会員にはより多くのコンテンツを探索して入会してくれるように、既会員には記事を寄稿して会員資格を更新してくれるように誘導する」といった感じです。

提案が実現した場合のイメージをもう少し具体的に示すこともあります。クライアントがコンテンツストラテジーがもたらす結果をイメージしづらそうなら、文章と併せてもう少し具体的なビジュアルを示すようにしましょう。

表10.5 戦略目標サマリー［施策のイメージ］

分析と統合

ところで、サマリーで記すチャンスと課題は、そもそもどうやって見つければよいのでしょうか。きっとあなたは、コンテンツについて何か違和感があったから、プロジェクトをスタートさせたはず。Chapter01で話したとおり、その違和感にちょっとしたデータを添えて、プロジェクトの予算を得るプレゼン資料を作成した人もいることでしょう。

この資料をもう一度使いましょう。ただし、それに引きずられる必要はありません。私はいつも、これから紹介する2つの方法のどちらかを使って、発見した情報をチャンスと課題に変換しています。どちらの場合でも TOOL 06.3 インサイト記録シートなど、発見フェーズを記録するツールにもう一度お世話になります。

1つ目の方法は、違和感の正しさに自信があるときや、サマリー作成に時間が取れないときに有効です。まず、違和感を一覧化した表を作ります。 TOOL 10.1 を使って情報を集め、考えをまとめるのもよいでしょう。次に、リサーチ段階でインサイトを記録したスプレッドシートやノートを眺め、リスト内のチャンスや課題に関係するメモやデータがないかを探し出します。表現に凝る必要はないので、メモやデータといった情報が重要だと思う理由などをどんどんリストに書き込んでいきましょう。大切なのはテンポよく進めること。よく書けているかどうかは、あとで悩めばよいのです。

Content Strategy
TOOL 10.1

戦略目標サマリー作成シート

⬇ Tool_10.1_Strategic_Alignment_Summary_Starter_Document.docx

テンプレートには、本章の内容のまとめと、情報を整理するのに必要な質問や検討ポイントが示されています

- ✓ 文字量は少なく。短く、シンプルに、端的に語るのがベターです。細かい部分は、ステークホルダーに求められたら足せばよいのです
- ✓ 得た情報をすべて入れる必要はありません。もはや必要ない情報を入れて、不要な情報の泥沼にステークホルダーを巻き込むのはやめましょう
- ✓ 可能であれば、ステークホルダーやユーザーの生の声、あるいは資料やコンテンツからの抜粋を入れると、言葉に説得力が増します

▶ Brain Traffic [www.braintraffic.com]

2つ目は、もう少し時間の余裕があり、自分の想定を検証したいときに有効な方法です。まず、大量の付箋を用意し、メモやインサイトを一つ一つ確認しながら、重要と思われるデータや情報を一つ残らず書き出していきます。その後、この付箋を分類し、チャンスや課題を探り出していきます。ときには、元々頭の中にあったものとはかけ離れた、まったく新しいチャンスや課題に行き着くこともあるでしょう。

さて、これでサマリーの素材となるチャンスや課題、その説得理由となる情報源が手に入りました。サマリーの目的は、見つけた情報をただ繰り返すことではありません。その情報を分析し、統合して、なぜそれが重要かという自分なりの視点を提示してこそ意義があります。

たとえば、ただ繰り返すだけなら、こんなふうになるでしょう。

> ■ 私たちは17個のウェブサイトを持っていて、そのうち定期的に更新されているのは3つ。残りは1年以上もレビューが行われていません

そこに情報の重要性という文脈を加えると、このようになります。

> ■ 私たちは17個のウェブサイトを持っていて、そのうち定期的に更新されているのは3つ。残りは1年以上もレビューが行われていません。ユーザー調査では、どこへ行けば情報が見つかるのかわからないという意見が聞かれました。ターゲット・オーディエンスがいちばんよく訪れるのはwww.siteexample.comですが、そのサイトは現在、維持管理がまったくできていません。情報は賞味期限切れで、メッセージはブランドイメージを映しているとは言いがたい状況です

ここまで来たら、正式な提案をせずにいるのは逆に不自然かもしれませんが、今は軽くほのめかすだけにしておいたほうが賢明です。クライアントやステークホルダーがこちらの発見にまだ納得していない状態で、具体的な戦略的提案を行うのはリスクがあります。だからこそ、ここでは仮提案にとどめ、ステークホルダーの足並みを揃えてから、次のステップとして改めて正式な提案をすることが重要となるのです。

さて、これで準備はばっちりですね。 TOOL 10.1 をダウンロードして戦略目標サマリーを作り始めましょう！

いよいよ戦略フェーズへ
Getting to the strategy part

さてこれで、戦略目標サマリーができました。しかも、出来映えは抜群です。では次は、それを戦略的に共有し、全員の共通認識を確立してから先へ進むとしましょう。

私はよく、重要なステークホルダー1人を相手に、非公式なプレゼンテーションを行うことから始めるようにしています。この方法のメリットは、明らかに気に触る箇所や、少し柔らかく表現した方が良い言葉などを、相手がはっきり指摘できることにあります。プロジェクト成功の最大のカギとなりそうなステークホルダーを選びましょう。

この意見を参考にサマリーを修正したら、エグゼクティブサマリー（上層部向けの概要書）を作りましょう。これを使って、経営責任者たちにプレゼンテーションを行います。場合によっては、クライアント側の担当者がプレゼンを行うことを想定してサマリーを作る必要もあるでしょう。

プレゼン本番で大切なのは、ビジネス的な視点を持つ、つまり目標や結果を出すためには、プロセスの何が問題なのかという視点で話を進めることです。経営者が最も興味を引きそうな情報を示し、それが収益にどんな影響を与えるかを訴えましょう。激しい議論になることは覚悟してください。紛糾します。反対意見も出るでしょう。

あなたの役目は、ステークホルダーたちの話を聞き、こちらの結論に関する質問に答えることです。こちらの考えが変わるような意見も出るでしょう。そのときは、サマリー（とあなたの考え）を上書きしてかまいません。「仕事の進め方を変えたり、新しい一歩を踏み出したりする心の準備がまだできていない」といった会話を耳にすることもあると思いますが、それでOKです。

新たに判明した事実や理解に基づいて、サマリーへの変更が生じたしても、それはプレゼンが失敗だったという意味ではありません。大切なのは全員の足並みを揃えることです。そのためには、サマリーにもうひと手間かけなければならないときもあるのです。私がプレゼンを行った際にも、クライアントに「どうやらまだ、先へ進むべきときではないようですね」と言ったことが何度もあります。この場合は、さらにミーティングを開催して、生産的な話し合いを重ね、プロジェクトに対するビジョンをすり合わせていきましょう。

それが済んだら、今度はプロジェクトで現場作業を担う担当者と話をしましょう。私は可能な限り、実行者や影響者に対してもプレゼンを行うようにしています。彼らにも、決定権者と合意に達したビジョンについて知ってもらい、それに意見したりフィードバックを返してもらう機会が必要です。その際、聴き手のタイプが変わるわけですから、サマリーにも微調整を加える必要が出てくるかもしれません。耳にする会話は、どちらかと言えば細かい話が中心になるでしょう。そのまま話し続けてもらってください。きっと、あとで戦略に盛り込むべき貴重なインサイトが手に入るはずです。

> **Hint**
> 戦略目標サマリーは、提出しただけで終わりにせず、必ずその後に話し合いを行ってください。直接集まってのミーティングでも、電話会議でもよいので、内容についての意見を募りましょう。私の場合、熱烈な要望がない限り、事前に文書を送ることさえしません

発見フェーズはこれにて終了！
Discovery: That's a wrap

これで、プロジェクトのビジョンについて、全員の足並みを揃えることができました。次は戦略そのものに取りかかる段階です。ここで作った戦略目標サマリーは、手元に残しておいてくださいね。あなた自身やステークホルダー、チームメンバーが、なぜこのプロジェクトに取り組まなくてはならないか、企業やユーザーにとってどこが重要なのかを見失ったときのリマインダーとして使います。

次は、「コンテンツ・コンパス」や「コア戦略ステートメント」と呼ばれる文書を作るステップへ入ります。正当な理由の下、正しいコンテンツを作り、正しいスタッフに、正しい期間を割り振るには、こうした文書が必要となります。そのあたりは、もうよくわかってますよね。きっと楽しんで進められるはずです。

Part 4

戦略を練る

Articulate your strategy

ここまでの活動で、あなたのステークホルダーたちは、プロジェクトの最後に何ができあがるか楽しみにしているはず。きっと、あなたも楽しみに思っていることでしょう。覚えてはいられないほどのアイデアの種が、次々に頭の中で芽吹いているかもしれませんね。本当にすばらしい！　ひとつ残らず書き留めてください。すべてのアイデア、すべての可能性を。そして、今はいったん脇へ置いてください。

それは、解決策をデザインする仕事に没頭する前に、戦略を練る必要があるからです。戦略は、現時点でもある程度は明らかになっているでしょう。今度はそれを形にします。そしてみんなに伝えます。全員を巻き込むのです。それができたら……それができたら、改めてアイデアや可能性に向き合って、それが戦略に合致しているかを確認します。そうしたら、みんながてきあがりを楽しみにしている仕事にいよいよ取り組みましょう。

Chapter 11
コンテンツ・コンパスを作る

Chapter 12
成功を測る指標を決める

Chapter 13
コンテンツをデザインする

Chapter 11
コンテンツ・コンパスを作る

さて、いったん立ち止まって1、2回深呼吸をしましょう。あなたはここまで、すばらしい仕事をたくさんしてきました。必要な作業に残らず取り組み、組織やクライアントの達成目標をばっちり理解しました。そして苦心惨憺の末、その目的地へ向けて、ステークホルダー全員を船に乗せることにも成功しました。

ここからは、もっと具体的な仕事に取りかかります。組織の目標へ到達するにはどんな役割を持つコンテンツが必要なのか、もっと言えば、コンテンツの目的を明らかにするのです。

本章では、それを知るために必要な「コンテンツ・コンパス」を作り、ステークホルダーに理解してもらうための便利なツールを紹介します。まずは、プロジェクトの規模に見合ったコンパスの作り方から話を始めるとしましょう。

プロジェクトのタイプを把握する
Project Types

Chapter02で、プロジェクトの承認を得るには、組織のあらゆるコンテンツに一度に取り組むよりも、プロジェクトを細かく分割して、小さな提案から始めるほうが合理的だという話をしたのを覚えていますか？　ここではまず、組織やクライアントが持つ広いコンテンツの宇宙で、自分のプロジェクトがどこに分類されるかを思い出すことから始めましょう。

コンテンツの宇宙の中でのプロジェクトの座標によって、あなたが何をコントロールし、何を変えるかが決まります。しかし同時にそれは、組織全体のコンテンツを作る際のガイドラインから影響を受けるものでもあるのです。組織全体のあらゆるチャネルを対象にしたコンテンツストラテジーはものすごく複雑で、経営や業務遂行といった要素と切っても切れない関係にあります。本書の目的に合わせて、私はコンテンツストラテジーのプロジェクトを「ファンクション型」「プロパティ型」「サブセット型」という3つのタイプに分類します。これは、この3タイプのプロジェクトに出会うことが多かった私の経験に基づいています。

1 | ファンクション型

ここで言うファンクションとは、組織の「機能」つまり部署のことです。営業、マーケティング、コミュニケーション、カスタマー・サービス、そして人事。もちろん、機能の分け方は組織によって微妙に異なるでしょうし、同じ部署に対して別の名前が付いているときもあるでしょう。

私の場合、クライアントはこうした部署の1つで部長を務める人間で、依頼内容は、部署内のあらゆるタイプのコンテンツや発信チャネルにコンテンツストラテジーを導入したいと、というのがほとんどです。最も多い依頼主は、マーケティング部長です。

2 | プロパティ型

プロパティとは、個々のデジタルチャネルを指します。たとえばウェブサイト、アプリケーション、Facebookなどのソーシャルメディアのチャネルは、どれもプロパティです。私の場合、デジタル・プロパティ関連のプロジェクトとは、新サイトの立ち上げか現行サイトの刷新・リデザインがほとんどです。プロパティは、上記のようなメインチャネルもあれば、製品やサービス、イベント、そのほか特定の用途に合わせて作ったミニチャネルもあります。また、モバイルサイトやモバイルアプリのときもあります。

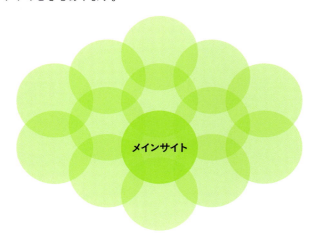

3 | サブセット型

サブセットとは、デジタル・コンテンツの特定の一部分を指します。サブセットが具体的に何を指すかは、それがサイトのどこにあるかで決まります。たとえば、「HELP」のセクションや「企業情報」ページが、サブセットの一例と言えるでしょう。あるいは、対象オーディエンス（既存顧客、見込み客など）や、扱う内容（製品や企業情報、なんらかの専門知識）によって決まってくるときもあります。

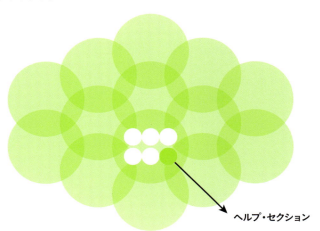

コア戦略ステートメントを作る
Core Strategy Statement

> **Hint**
> 文書の形にまとめた正式な戦略でなくても、戦略は戦略です。ただ、きちんとまとめない戦略はあいまいで、組織のビジネス目標に貢献できるか、ユーザーのニーズや期待に応えられるかが不確かになってしまいます

プロジェクトの座標を把握できたら、次は「コア戦略ステートメント」を作りましょう。コア戦略ステートメント（声明文）は、コンテンツ・コンパスの中心パーツとして、そのプロジェクトで提供すべきコンテンツ／提供するユーザー／提供のタイミング／提供する理由を示すものでなくてはなりません。 表11.1 は、コア戦略ステートメントで示すべき4項目をまとめたものです。

表11.1 コア戦略ステートメントで示す4要素

❶	コンテンツ	どんなコンテンツを作り／改善し／管理し／共有すべきか
❷	オーディエンス	コンテンツが対象にしているのは具体的に誰か
❸	ユーザーのニーズ	オーディエンスは、なぜそのコンテンツを必要としているのか
❹	ビジネス目標	コンテンツがもたらすビジネス上の成果は何か

コア戦略ステートメントのフォーマット

コア戦略ステートメントのフォーマットはさまざまで、これが唯一の正解というものはありません。ただ、有益な戦略文書を作成する上で、大事なポイントや考え方がいくつかあるので、まずはそれを紹介しましょう。

まず、この文書を見て利用する人が納得でき、かつ覚えやすいものでなくてはなりません。ステークホルダーがコンテンツに関する決断をする際、キー・コンセプトの確認に使えるものでなければ、ステートメント（声明文）としては失格です。

この部分がクリアできているかをテストするのに、私が使っている方法を紹介しましょう。それは、戦略をスタッフに作ってもらうというやり方です。戦略ステートメントを見せて、宣言の基となる4項目を詳しく説明した後、自分ならどんな戦略を採るかを答えてもらいましょう。プロジェクトに関する背景知識の少ない人でも的を射た戦略が立てられたのなら、それはそのステートメントがよくできている証拠です。

次に、ステートメントは、Yes／Noを判断する基準にならないといけません。それをチェック

する1つの方法が、過去に取り組んだコンテンツ・プロジェクト10件にステートメントを当てはめてみるというやり方です。もしそのプロジェクトを立ち上げたときにこの文書があったら、ノーを出しているかどうかを考えてみましょう。もしそうなら、そのステートメントは十分に強力なものと言えるでしょう。

では、具体的なステートメントの例をみてみましょう。これは私の上司で、BrainTraffic社CEOでもあるクリスティーナ・ハルヴァーソンがプレゼンテーションで使ったものです。

> カスタマー・コールセンターのコストを下げるために、ユーザー目線に立ったタスクごとのサポート・コンテンツを提供します。これにより、プロのエンジニアである顧客は、製品のインストール作業を自信を持って行えるようになります。

では、この宣言を4つのキーパーツに分解してみていきましょう。ステートメントにはまず、サービス・センターのコスト削減（セルフサービスで行えるようにする）というプロジェクトの❹**ビジネス目標** が示されています。この目標を達成するために、ユーザーが行うべきタスクに重点を置いた❶**コンテンツ** を作ると言っています。コンテンツの❷**オーディエンス（ユーザー）** は、プロの顧客、つまり最終購入者のために製品をインストールする経験豊富なエンジニアです。そして❸**ユーザーのニーズ** とは、インストール作業の補助であることがわかります。

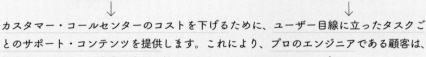

次に、このステートメントを使って、コンテンツに関するいくつかの決定を行いましょう。まずはプロジェクトのアイデア一覧表を作り、実行に移すべきかを判断してみてください。表11.2 は、アイデア一覧表で下した私の決断とその理由です。

表11.2 プロジェクトのアイデア一覧表

アイデア	YES	NO	理由
コール・センターのデータベースにあるコンテンツを逐一作りかえる		◎	社内データベースにあるコンテンツは、おそらくユーザー向けに書かれていない
ヘルプ・コンテンツの並びを、アクセス解析のデータや用語の使用頻度・検索頻度に基づき再構成する	◎		これらのデータは、ユーザーが期待するセクション構成と、実際の構成を一致させる上で参考になるはず
ランディング・ページに、製品の開発経緯を示したインタラクティブな年表を置く		◎	おもしろいが、サポート・コンテンツを探すユーザーがタスクを完了させる妨げになる
ユーザーであるエンジニアに対してインタビュー調査を実施し、必要なコンテンツを入手できているかを調べる	◎		ユーザーの眼から見てどれが使えてどれが使えないコンテンツかがわかれば、コンテンツを改善できる
エンジニアのプロフィール（お客様の声）を、ヘルプ・セクションの至るところで取り上げる		◎	ヘルプ・セクションを訪れるユーザーは求めていない
CEOからの動画を投稿し、顧客がセルフサービスでタスクを行うことの大切さをアピールする		◎	セルフサービスについて話をするくらいなら、サービスそのものを充実させるほうが大切

コア戦略ステートメントの作り方

コア戦略ステートメントを作るのに必要な情報はすべて、発見フェーズで集まっています。そのうえ、ステートメントのキーパーツに対して、ステークホルダーから異議が出ることもありません。なぜなら、コンテンツの対象オーディエンス、オーディエンスのニーズ、組織のビジネス目標などに関して、ステークホルダーの足並みはもう揃っていますからね。

だからここでは、集めた情報を組み合わせて、どんなコンテンツを制作するかという具体的な内容を少し加えるだけで大丈夫。それには、共同作業と個人作業の2通りのやり方があります。

> **Hint**
> ステートメントは、発見フェーズの段階で作ってしまうこともできます。発見フェーズでは、コンテンツの目的について、ステークホルダーの同意を取り付ける活動がありましたよね。この段階で一緒に終わらせてしまうのです。話し合いの最高の出発点になりますし、そこで自分たちの足並みが揃っているかを、ステークホルダー自身に確かめてもらう材料にもなります

1 | 共同で作る場合

まずは、ステークホルダーと共同でステートメントを作る方法を紹介しましょう。共同方式では、穴埋め式ワークシートをステークホルダーへ配り、各自に空白部分を埋めてもらいます。私の場合、サラ・ワクター・ボーチャーが作った以下のようなものを使っています。

> 〈ビジネス目標〉を達成するために、〈組織、部署、プロパティ、セクションなど〉は、〈コンテンツの具体的な中身A〉や〈コンテンツの具体的な中身B〉というコンテンツを作ります。そして〈オーディエンス〉に〈気持ちや形容詞A〉や〈気持ちや形容詞B〉と感じてもらい、オーディエンスが〈完了すべきタスクA〉や〈完了すべきタスクB〉をこなせるようになることを目指します。

ワーキングセッションなど、直接顔を合わせて作業できる場合は、できあがった文章を1人ずつ読みあげてもらいましょう。そして、似ている箇所や異なる箇所を話し合い、最も説得力のあるフレーズ、あまりよくない言葉、飛び抜けて良い部分を見つけ出していきます。

それが済んだら、まずは私のほうで、それらのパーツを1つの文書にまとめます。そして、これで納得いくかをステークホルダーに尋ねます。表現にこだわる必要はありますが、大事なのはコンセプトが示されているかを確認することです。表現は後で洗練させましょう。

時間があれば、組織内で実施したばかりのプロジェクトをいくつかステークホルダーに挙げてもらい、このできたてのステートメントに照らした場合、そのプロジェクトを実施したか、それともストップしたかを尋ねるとよいでしょう。これをやると、ステートメントの威力や、プロジェクトの今後に与えそうな影響力がわかるので、とてもお勧めです。

顔を合わせるのが難しいときは、シートをメールで送る方法でも大丈夫です。最初に試した際はうまくいくか自信がなかったのですが、実際にやってみると何も問題はありませんでした。

ただし、メールだと仕上がりについて話し合うことはできません。とはいえ、できあがったステートメントを各ステークホルダーに見せ、一緒に納得のいかない部分を潰していくことは可能です。 **TOOL 11.1** は穴埋めシートのテンプレートです。このファイルをメールで送るか、プリントアウトをセッションで配って活用してください。

Content Strategy TOOL 11.1

コア戦略ステートメント作成シート

⬇ Tool_11.1_Core_Strategy_Statement_Mad_Lib.docx

シートをワークショップで配るかメールで送ってステートメントを完成させましょう

- ✓ できれば、エクササイズは実際にみんなで集まって行いましょう。その方が、話し合ったり、共同で修正できるので効果的です
- ✓ メールで作業してもらった結果、意見の異なる部分が山ほどでてきたら、必ずフォローアップ作業を入れてから先に進みましょう。ここで全員に納得してもらわないと、あとで抵抗される可能性があります

▶ Brain Traffic (www.braintraffic.com), adapted from a Mad Lib by Sara Wachter-Boettcher

---

2 | 1人で作る場合

プロジェクトによっては、予算や期間の都合上、共同で作る余裕がない場合もあるでしょう。それは仕方がないことです。そんなときは、1人でステートメントを作りましょう。

私は、どちらかというと情報を頭の中で処理するタイプなので、通常はインサイトをメモしたノートやスプレッドシートを引っ張り出し、目を通すことから始めます。コンテンツやオーディエンス、ビジネス目標、ユーザーのニーズに関係のあるものが見つかったら書き出して、それを材料にまずはステートメントを何種類か作ってから、これと思う完成版を練り上げていきます。色々な解釈やパーツを組み合わせたり、表現を変えたり、捨てたり、解きほぐしたりしながら練り上げていくわけです。

このやり方でたいていうまくいきますが、ときには行き詰まってしまって、もう少し筋道だった方法に頼る場合もあります。この場合もやはり、ノートやインサイト記録シートは手放せません。

こちらの方法では、まず重要そうなインサイトを付箋やカード、ノートの切れ端に書き写します。それから、インサイトをビジネス目標／コンテンツ／オーディエンス／ユーザーのニーズの4種類に分類します。この分類ごとに見直しながら、主要テーマやアイデアを探ります。最後に、テーマを土台に修正を繰り返しながら、ステートメントを書き上げます。

表11.3 1人で作るときのエクササイズ

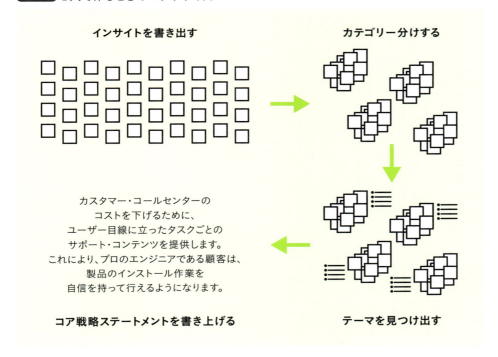

メッセージ・フレームワークをつくる
Messaging Framework

「メッセージ・フレームワーク」とは、オーディエンスにわかってほしい情報や、抱いてほしい印象、そしてその印象の正しさを証明する証言を盛り込んだ、大まかなメッセージのことを指します。

メッセージ・フレームワークは、コンテンツ・コンパスの1パーツとして、コンテンツがその枠組みに収まるかを確認する基準になります。枠組みがあれば、枠から外れているから修正が必要だといったことを確認できるようになるのです。

メッセージ・フレームワークのフォーマット

コア戦略ステートメントと同じく、メッセージ・フレームワークの書き方もいろいろです。私の場合、階層構造や流れを図式化し、そこに文章を添えることが多いのですが、知り合いの中には箇条書きのリストを作っている人もいます。私の場合、メッセージはユーザーの視点で書きます。企業からの視点で書く人もいますが、どちらでもたいした問題ではありません。大事なのは、次の3点を押さえているかです。

- メッセージを必要とするすべての人に行き渡っている
- 実際にそれを使ってコンテンツに関する決断を下せる
- メッセージを覚えておくと、プロジェクトに携わるスタッフの役に立つ

私がユーザー視点で書くのは、コア戦略ステートメントの相棒としてバランスが取れるからです。宣言は、基本的にビジネス側の視点で書かれていましたよね。ですから、メッセージにはユーザーの思考を反映した方が、コンテンツの方向性を定めるコンパスはより強固となり、プロジェクトが戦略からずれにくくなると思うのです。表11.4は、先ほどのコア戦略ステートメントの例に基づいて作ったメッセージ・フレームワークです。メッセージにはまず、「第一印象」という項目があります。ここには、ウェブサイトを訪れたエンジニアに、最初に抱いてほしい気持ちを書きます。次にあるのが「価値宣言」です。ここには、ヘルプ・セクションがユーザーにとって価値あるコンテンツである理由が示されています。最後が「証明」の項。ここはコンテンツの内容や構造に関する話である点に注目してください。

表11.4 メッセージ・フレームワークの例

❶ 第一印象	❷ 価値宣言	❸ 証明
コンテンツに触れたオーディエンスに、どんな第一印象を抱いてもらいたいか	コンテンツを見たユーザーにわかってもらいたい／確信してもらいたいコンテンツの価値	価値宣言の正しさを証明する言葉は何か
「すごい！これはラクチンだ！」	「X社のシステムをインストールするのははじめてだけど、自信をもって作業できそうだ！この通りにすれば簡単だ」	「よくわかってる人が書いたコンテンツだ。すぐに必要な情報が見つかる」「同じ職種の人が執筆してるなら情報は正確に違いない」「必要な情報を探すのに長い記事を読み通す必要がない」「製品が、本来の用途とは別に使われる可能性も研究してる。これなら独自の方法でも設定できそうだ」

メッセージ・フレームワークの作り方

すでに予想がついた人もいるかもしれませんが、メッセージ・フレームワークの作り方は、コア戦略ステートメントの作り方とほぼ同じです。つまり、共同方式と単独方式の2種類があります。

共同方式では、やはり穴埋めワークシートが便利です。メッセージの3要素ごとの穴埋め例として、次のようなものが考えられるでしょう。

> **❶ 第一印象**
> サイトをひと目見たユーザーに、〈　〉や〈　〉と感じてほしい。
>
> **❷ 価値宣言**
> サイトで何分か過ごしたユーザーに、
> こちらが提供する〈　　〉や〈　　〉という情報を理解して、〈　　〉と感じてほしい。
>
> **❸ 証明**
> 〈　　〉や〈　　〉、〈　　〉、〈　　〉という点は、
> 我々のコンテンツがまさしくユーザーの求めているものだという証明だ。

穴埋めが終わったら、ここからパターンやテーマを見つけ出し、そこからメッセージ・フレームワークを考え出しましょう。やり方は、コア戦略ステートメントを作ったときとほとんど一緒。頭の中で情報を処理するか、付箋などを使って情報を整理します。

ステークホルダーに穴埋めをしてもらう余裕がなくても、ご心配なく。必要な情報は、彼らへのインタビューですべて集まっているはずですから。

インサイト発見に使ったノートやスプレッドシートを引っ張り出しましょう。そうしたものに加えて、さきほどの穴埋めワークシートがあった方が考えやすいのは確かです。 **TOOL 11.2** はメッセージ・フレームワークの穴埋めワークシートのテンプレートです。

> **Hint**
> ここで紹介した文言例にこだわらず、自分だけの穴埋めワークシートを作ってもよいでしょう。そのときは、 **TOOL 11.1** を出発点にするとよいでしょう

TOOL 11.2 メッセージ・フレームワーク作成シート

⬇ Tool_11.2_Messaging_Framework_Template.docx

テンプレートを使って、本章で紹介したような図式化したメッセージを考えましょう

- ✓ 「第一印象」や「価値宣言」といった項目立てがしっくりこなければ、自分に合うものに変えてOKです。ステークホルダーやコンテンツに携わる人間が納得いくものを使いましょう
- ✓ テンプレートの色を組織やクライアントのブランドカラーに合わせるのもよいでしょう
- ✓ 完璧な文章に仕上げる必要はありません。このメッセージは外に出すものではなく、コンテンツのアイデアや、コンテンツ自体を評価する"コンパス"であることを忘れずに

▶ Brain Traffic [www.braintraffic.com]

道は見えた！
Show the way

これで「コア戦略ステートメント」と「メッセージ・フレームワーク」という、コンテンツストラテジーの実行に欠かせない2つのコンパスができあがりました。実際にコンテンツを制作するスタッフに、戦略を伝える言葉が手に入ったわけです。あとは、プロジェクトに携わる主要チーム（制作チーム、レビューチーム、公開チームなど）とのミーティングを設定して、コンテンツ・コンパスの内容や使い方を話し合いましょう。

次章では、コンテンツストラテジーやコンテンツ制作の実効性を測る指標の作り方を解説します。コンテンツ・コンパスは、そこでも活躍しますよ。

Chapter 12
成功を測る指標を決める

あなたには、もう目指すべきゴールが見えています。コンテンツ・コンパスを作り、目標や目的を達成する手段も得ました。ですが、自分が目標へたどり着いたことは、どうやって確認すればよいのでしょうか？

効果の測定をするのです。それが提案したプロジェクトに価値があったと証明する手段です。それは、さらなる改善が可能かを判断する基準にもなります。

これからお伝えする2つのポイントを、よく頭に叩き込んでください。1つは「効果測定は、それを基に次の行動を取らなければ意味がない」こと。そしてもう1つは「無意味な数値は、測定しないよりタチが悪い」。さあ、この2行を読み返してください。もう一度。OK、では先へ進みましょう！

何を測定するかを決める
Deciding what to measure

効果測定は、それを基に次の行動を取らなければ意味がない。そして無意味な数値は測定しないよりタチが悪い。しつこいって？ すみません。ですが、何を測定するか、なぜそれが重要か、どうやって測定するかは、熟慮に熟慮を重ねて決めなくてはなりません。あなただって、なんの脈絡もなく、次の行動の指標にもならない単なる解析結果だけが手元に残るのはイヤでしょう？

用語の意味をはっきりさせる

ビジネスの世界では、「重要業績指標（KPI）」「目的」「メトリクス」といった言葉が頻繁に登場しますが、その使い方は一定していません。そこでまずは、私がコンテンツの出来映えを測定する際に、この3つの用語をどんな意味で使っているかを解説しましょう。「それはちょっとちがうんじゃない？」と思うのは全然あり。あなたとプロジェクトに携わるステークホルダーとの間で、使い方が統一されていれば問題ありません。

1 | KPI
測定ではじき出されたデータが、ビジネス目標に到達しているかを判断する指標のことです。

2 | 目的
コンテンツがどんな形で企業のビジネス目標到達に貢献する、あるいはKPIに影響するかを指します。

3 | メトリクス
定量／定性データです。これらを分析することで、KPIをクリアできているか、コンテンツの目的を達成できているかを把握できるものでなくてはなりません。

では、Chapter10で作った戦略目標サマリーの例を使って、ビジネス目標とコンテンツの目的との関係性をみてみましょう。

表12.1 ビジネス目標とコンテンツの目的との関係性

ビジネス目標	コンテンツの目的
新規会員を獲得する	■ 業界初心者に提供価値を示す ■ 会員になるメリットを解説する
新規会員を 初年度の1年間引き留める	■ 会員向けコンテンツを紹介する ■ 長期会員のキャリアアップ例を示す
刊行物の購入数や トレーニング・プログラムの 参加者を増やす	■ 無料や会員専用のコンテンツから、同じ話題を扱った高価値の有料コンテンツへ誘導する ■ 訪問者の統計情報や関心・嗜好を調べ、関心を持ちそうなコンテンツが自動的に表示される仕組みを作る

最初のビジネス目標は、「新規会員の獲得」です。ですからおそらく企業は「入会者数」をKPIに採用しているでしょう。

これに対応する2つのコンテンツの目的では、新規会員の獲得につながると思われる方法が示されています。その1つが、（Webサイトのコンテンツを使って）「業界初心者のエンジニアに提供価値を示す」ことです。

では、Webコンテンツが実際に新規会員の獲得に貢献しているかどうか、そして業界初心者に企業がもたらす価値を効果的に示せているかどうかは、どうやって判断すればいいのでしょうか。ここで登場するのが、「メトリクス」です。

たとえば、入会者数を測るメトリクスとしては、Webサイト上で会員登録をした人数が挙げられるでしょう。コンテンツがうまく価値を提示できているかは、訪問者が入会のメリットを見つけ出し、理解できているかどうかを測ればわかるはずです。

メトリクスを選ぶ

コンテンツ制作やコンテンツ改善が成功したかどうかを知るには、プロジェクトが具体的なビジネス目標に貢献しているか、コンテンツの目的を果たせているかを測定する必要があります。それには、定量的な（数値に基づいたデータ）手法と、定性的な（意見に基づいた情報）手法を組み合わせるのが有効です。

定量データと定性データを組み合わせると、コンテンツの状態を多角的に判断できるようになります。数値はインパクトのある情報をもたらし、意見は数値の裏付けとなる背景情報を教えてくれます。ここからは、メトリクスの測定に使う主な手法3つと、それぞれの手法がもたらす情報の種類を解説しましょう。3つの方法とは、アクセス解析／ヒューリスティック評価／ユーザー・フィードバックです。

1 | アクセス解析

この手法を確固たるものにしたのは、Googleです。クライアントのほとんどはGoogle Analyticsを使っているので、自然と私もこれにいちばん慣れ親しんでいます。使い勝手が常に改善されているという点で非常に優れたツールですが、それだけでなく、GoogleのWebサイト（www.google.com/analytics）へ行けば、追跡・測定できる情報の種類や、測定方法に関する情報がたくさん見つかります。ここでそれを繰り返すのも無駄なので、ぜひ自身でチェックしてください。

基本的な事項について、先ほど紹介した例を使って解説しましょう。 TOOL 12.1 も参考にしてください。これはちょっと変わったツールで、プレゼンテーションの形をしています。作ったのはコンテンツストラテジストのジョナソン・コールマン。アクセス解析のデータを有効活用するための情報、ヒント、そしてリソースが盛りだくさんです。

Content Strategy
TOOL 12.1

データセット・プレゼンテーション

アクセス解析に必要な大量の情報、ヒント、リソースを手に入れましょう

- ✓ リソースについては、シート内のリンクをたどってください。プレゼンテーションは、有益な情報の海への入口だと思ってください
- ✓ シート内のすべての情報やリソースが、あなたの状況に合うわけではありません。すべてのメトリクスを確認し、すべてのヒントに従う必要もありません。まずは、できそうだと思うものだけを使いましょう

▶ Jonathon Colman [www.jonathoncolman.org]

❗ Hint

ここでは、コンテンツ制作や改善の成功度を測るKPIや目的の例は挙げていませんが、こうしたものは「効率」を基準に判断するといいでしょう。たとえば、依頼のあったWebサイトの編集、あるいはアイデア創出からコンテンツ公開までにどれくらい時間がかかったかを測れば、それが成功の1つの指標になるはずです

では、実例を使って解説しましょう。KPIは入会者数でしたね。この数値を追跡するのはちっとも難しくありません。サイトで登録した入会者数をカウントするだけでいいんですから楽勝です。一方、キャリアの初期段階にあるエンジニアが、提供する価値を受け取り、会員になるメリットを理解できているか、これを測るにはどうすればいいでしょうか。メトリクスの例としては、以下のようなものが考えられるでしょう。

- 訪問者は、平均で何回ページを訪れてから会員になるか
- 訪問者は、どんなルートをたどって新規会員登録ページにたどり着くか
- 入会メリットの説明ページにたどり着いた訪問者のうち、何％が実際に入会したか
- 実際に入会する訪問者がいちばん多いのは、どのバージョンの登録ページか
- 入会者は、入会前にどのくらいの頻度でサイトを訪れていたか（週／月／四半期などの頻度）
- コンテンツを購入した／セミナーに参加した訪問者のうち、何人が会員になったか

> **Hint**
> 同じデータでも、対象となるコンテンツによって意味が変わることもあります。たとえば、バウンス率は、通常はネガティブな指標です。しかしバウンス率の高さは、訪問者が必要な情報を入手したからサイトを去ったのだとも取れませんか？　それは一種の成功ですよね。どんなときも、背景に思いを巡らせることを忘れないでください

2 | ヒューリスティック評価

ヒューリスティック評価（ベストプラクティス・レビューと呼ばれることも）では、情報アーキテクチャやWebコンテンツ評価の一般的な基準を使い、コンテンツを測定します。状況によっては、戦略的な基準、つまりコンテンツがコア戦略ステートメントに沿っているか、メッセージ・フレームワークを提示できているかといった視点を加えるのもよいでしょう。

ヒューリスティックについては、アビー・コバートの説明が最も参考になります。彼女はヤコブ・ニールセンやロウ・ローゼンフェルドといったヒューリスティックの専門家の視点を組み合わせ、私の知る限り、最も包括的で巨大なヒューリスティックのフレームワークを確立しました。**表12.2**はこのフレームワークを簡単に示したものです。**TOOL 12.2**には、フレームワークへのリンクがあるので、それを参考にしながら、自分に最適な基準を決めていきましょう。

> **Hint**
> アビー・コバートは情報アーキテクチャの専門家です。「Abby the IA」というペンネームで、講演や執筆活動をしています。著書に『今日からはじめる情報設計―センスメイキングするための7ステップ』（ビー・エヌ・エヌ新社）があります

ヒューリスティック・フレームワークシート

⬇ Tool_12.2-Heuristic_Framework_Cheat_Sheet.png

フレームワーク・シートを使って、ヒューリスティック評価について知りましょう

- あなたのKPIや目的を測るのに必要な基準だけを抜き出してください
- あなたのコンテンツを評価するのに必要な基準が、ここにすべて網羅されているわけではありません。自分なりの基準も作ってみてください
- ここで紹介するヒューリスティックの中には、実ユーザーからのフィードバックを使って検証しなくてはならないものもあります。何らかの理由で検証できないものは、未検証という条件つきの測定だという点を頭にとどめておいてください

▶ Abby Covert [www.abbytheia.com]

Content Strategy
TOOL 12.2

表12.2 ヒューリスティック評価ワークフレーム

ヒューリスティック	考えられる質問例
見つけやすさ	■ コンテンツは検索や誘導によって見つけやすい場所にあるか？ ■ その情報を得る方法は複数用意されているか？
アクセスしやすさ	■ あらゆるデバイスで入手できるか？ ■ 障がいのある人のアクセスシビリティ基準を満たしているか？
明快さ	■ コンテンツの読みやすさはどの程度か？ ■ ストレートに書かれているか？　業界用語を使っていないか？ ■ ユーザーがタスクを終わらせるのに必要な情報が示されているか？
伝わりやすさ	■ ユーザーに理解してほしいメッセージを明快に発信できているか？ ■ 明確な指示によって、ユーザーがタスクのどの段階にいるかわかるようになっているか？
有益さ	■ ターゲット・ユーザーが必要としている情報が載っているか？ ■ ユーザーが次に必要とする／欲しがるものを予測できているか？
信頼しやすさ	■ 情報は最新か？ ■ トピックは企業が専門とする（と理解されている）分野か？
コントロールしやすさ	■ 制作者やユーザーの操作で、アクセスする情報を変えることはできるか？ ■ エラーメッセージの後に、間違いの修正や、問題解決に必要な情報を示せているか？
価値の高さ	■ コンテンツは顧客の体験を改善できているか？ ■ ユーザーが、コンテンツを使って提供物の価値を評価できるか？
学びやすさ	■ 一貫性のある、予測しやすい体験を提供できているか？ ■ ユーザーはコンセプトをすぐに理解できているか？
うれしさ	■ 競合にない付加価値、あるいは特別な何かを提供できているか？ ■ ユーザーの期待を超えるものを提供できているか？

例を使って解説しましょう。キャリア初期のエンジニアに価値をうまく示せているか、入会のメリットをうまく説明できているかを知るには、次のような質問を立ててヒューリスティック評価をするとよいと考えられます。

- 入会のメリットに関するコンテンツはわかりやすいか
- そのトピックに関して、信頼できる情報源だと証明するコンテンツがあるか
- 具体的にどうやって初心者の役に立つかが明確に示されているか
- ユーザーに入会をうながすタイミングは適切か？
  （たとえば、ユーザーの期待に沿う／期待を超える情報を見つけたときに、入会ページへのCTAを示せているか）

> **Hint**
> ヒューリスティック評価は評価者の意見である以上、基本的には定性的なデータになります。ただ、定量データを定性データとして報告することは可能です。たとえば、定量データから、サイト内の73%のページで、入会関連のCTAが適切なタイミングでわかりやすく表示されている、と判明する場合もあるでしょう

3 | ユーザー・フィードバック

アクセス解析やヒューリスティック評価の結果に文脈を与えるには、ユーザーからのフィードバックをもらう作業が欠かせません。その入手方法はさまざまです。ユーザー・サーベイ（アンケート）なら、どちらかといえば定量データが取れます。インタビューなら、コンテンツの機能を示す定性データが手に入るでしょう。

まずはユーザー・サーベイから解説しましょう。みなさんの中には、もしかしたら、ForeSee（www.foresee.com）のようなツールを使い、普段から定期的にアンケートを実施している人がいるかもしれません。今回もそうしたツールを使い、無作為に抽出したユーザーに回答をお願いしましょう。調査方法は、選択式（質問に対して1〜5の点数をつけてもらうなど）と自由回答式（答えを自由に書いてもらうなど）の2種類。手に入った定量／定性データをじっくり吟味したり、ヒューリスティック評価と比べてみてください。

Chapter08で、ユーザーテストの3つのカテゴリーについて触れたのを覚えているでしょうか。そう、見つけやすさ／読みやすさとわかりやすさ／印象のよさの3種類です。Chapter08では、コンテンツの今の状態を知るのに、その分類を使いました。今回は、改善後のコンテンツの状態を測るのに、この3つを使います。使い方は基本的に一緒です。情報はインタビューなどの手法を用いて収集します。

ここでも引き続き同じ例で解説しましょう。すでに会員かどうかを確認しながら、次のような選択回答式のアンケートを投げかけ、コンテンツが会員獲得にどんな影響を与えているかを調べました。

> **Hint**
> ユーザー・サーベイには、統計情報に関する質問を必ず入れるようにしてください。性別／年齢／地位／住所といった特徴に合わせてデータを切り分け、それぞれに共通するパターンを見つけ出すことができます

- 仕事に関連する情報が欲しくて、あるいは仕事に必要で、当サイトを訪れる頻度はどれくらいですか？
- 今日はどんな情報を求めてサイトを訪れましたか？
- 探していた情報は見つかりましたか？
- 見つかった情報にはどのくらい満足しましたか？
- 会員ではない方にお尋ねします。入会の予定はありますか？
- 入会の最大のメリットが〈メリットの具体的内容〉であることは知っていますか？

インタビューの場合は、次のような自由回答式の質問になるでしょう。

- 当サイトで見つけたコンテンツは、仕事にどう役立ちましたか？
- 業界初心者にとって、会員になるメリットはなんだと思いますか？
- 会員ではない方にお尋ねします。登録をためらっている理由はなんですか？
- 会員の方にお尋ねします。登録した理由はなんですか？

そして最後に、組織や入会の価値を理解するのに必要なタスクについて尋ねてもよいでしょう。

- 入会について知りたくなったら、まずサイトのどこへ行きますか？
- 入会に関するページをご覧になった上で、入会のメリットはなんだと思いますか？
- 入会に関するページのコンテンツを読んで、入会したい気持ちは強くなりましたか？ それとも弱まりましたか？ その理由はなんですか？

収集した情報をまとめる

効果測定を行うには、データ収集に使うメトリクスや手法を一覧化しておかなくてはなりません。また、測定のペース、つまり各メトリクスのデータはどのくらいの頻度で収集するかも決める必要があります。 表12.3 が一覧表の例です。表には、3つの測定手法（アクセス解析／ヒューリスティック評価／ユーザー・フィードバック）からそれぞれいくつかを取り上げました。

表12.3 メトリクス一覧表

ビジネスKPI	コンテンツの目的
入会者数	■ キャリア初期のエンジニアに提供価値を示す ■ 会員になるメリットを伝える

メトリクス	定量／定性	手法	頻度
サイト経由の入会登録数	定量	アクセス解析	毎月
登録ページまでの道のり	定量	アクセス解析	毎月
入会へのCTAが適切なタイミングで表示されるか	定性	ヒューリスティック評価	毎年
キャリア初期の専門家への価値に関するメッセージ	定性	ヒューリスティック評価	毎年
Webコンテンツのユーザー満足度	定量	ユーザー・フィードバック（アンケート）	毎四半期
入会メリットに対するユーザー理解	定性	ユーザー・フィードバック（インタビュー）	2年ごと

コンテンツの効果を測定する
Measuring content effectiveness

まずは注意点から。お気づきかもしれませんが、コンテンツの効果を測定する作業は、厳密な科学実験とは違います。定量データである数値からは限定的な情報しか得られません。一方の定性データには、必ず多少の主観が入ります（人間から得る情報ですから）。それはそれでかまいません。コンテンツの効果測定の目的とは、正しい方向へ進んでいるか、さらなる改善が必要なのはどの部分かを見極めることにあるのですから。

コンテンツの効果を測定する作業は、「コンテンツの状態を記録」し、「結果をステークホルダーへ報告する」という2つの工程からなります。それではさっそく解説していきましょう。

コンテンツの状態を記録する

データをまとめる方法や、使用するツールについては、もう察しがついてるんじゃありませんか？　そう、発見フェーズでの活動が、ここで生きてくるんです。以前使ったツールを流用しながら、測定結果を記録していきましょう。

1 | TOOL 01.1　コンテンツオーディットシート

ヒューリスティック評価の記録は、このスプレッドシートを出発点にするとカンタンです。Chapter01の簡易監査や、Chapter08の本格監査と同様、評価の基準を定めましょう。今回はヒューリスティックに決まっていますが。

2 | TOOL 06.3　インサイト記録シート

ユーザー・インタビューやアクセス解析のレビューで得たインサイトを記録するのに使えます。アクセス解析やユーザー・サーベイで手に入るのは定量的な数値データですが、私としてはインサイト記録シートを使って、データに自分なりの解釈を加え、想定を行うことをオススメします。

結果をステークホルダーへ報告する

効果測定を実施し、結果を文書にまとめるところまでは終わりました。次は、そのコンテンツの状態をステークホルダーに知ってもらうステップです。まずは、KPIと関連する目的とメトリクスごとに、評価を簡単にまとめた成績表を渡し、その後、詳細な報告書でフォローアップを行います。

成績表の作り方はいろいろです。データをそのまま提示するだけでよいときもあれば、そこに解釈を加える必要が生じるときもあります。今のところ、成績表作成の絶対的な正解は見つかっていませんが、私は基本、解釈を加えるようにしています。アクセス解析の数値やExcelのスプレッドシートをそのまま使うことはあまりありません。

表12.4 は、KPIやコンテンツの目的、メトリクスを活用した成績表の一例です。また、TOOL 12.3 はContent Strategy, Inc.のケイシー・ワグナーが作成したヒューリスティック評価報告書のサンプルです。フォローアップの報告書は、これを参考に作ってみてください。

コンテンツ成績報告書サンプル

Content Strategy TOOL 12.3

⬇ Tool_12.3_Content_Scorecard_Report_Sample.pdf

報告書サンプルを参考にしながら、あなたなりの測定報告書をまとめましょう

- サンプルは主にヒューリスティック評価の報告しかありませんが、フォーマット自体は他の手法でも使えます
- 調査の結果、コンテンツの変更が必要だとわかった場合でも、まだ変更事項を書き込む必要はありません。ここでは「さらなる調査を行い、最善の対応策を判断」とだけ書いておけば大丈夫です
- 時間があれば、グラフや図を入れましょう。データが物語っている事実を示すには、文章を読ませるよりも、グラフィックを使ったほうが効果的です

▶ Kathy Wagner, Content Strategy, Inc.

ヒューリスティック評価やユーザー・フィードバックの頻度次第ではありますが、こうした本格的な成績表や報告書の提出は、1年に1～2回行うのがせいぜいでしょう。足りないと思うかもしれませんが、回数はその程度で十分です。特に定性データは、時間が経ってもさほど正確性が揺らがないものです。このくらいの頻度のほうが、コンテンツの状態を正確に把握できますし、1～2カ月のデータから、焦って奇抜な対応策を取ってしまうリスクも避けられます。

表12.4 コンテンツ成績表の例

ビジネスKPI	コンテンツの目的
入会者数	■ キャリア初期のエンジニアに提供価値を示す ■ 会員になるメリットを伝える

メトリクス	評価	解説
サイト経由の入会登録数	満足	ユーザー・サーベイの結果、入会登録した訪問者は、はっきり登録の意思を固めてから、登録ページを訪問していることがわかった
登録ページまでの道のり	どちらでもない	入会ページへの主要ルートはサイト内検索だった。つまりユーザーは、登録という具体的な目的を持ってサイトを訪れている。次に多いのは、初心者向けコンテンツ内のCTA経由で、上級者向けコンテンツを見るために会員になるというルートだった
入会へのCTAが適切なタイミングで表示されるか	満足	ただしCTAの表示には改善の余地あり。価値提示前に入会をうながすケースが見受けられる
キャリア初期の専門家への価値に関するメッセージ	どちらでもない	手に入る情報へのユーザー満足度は高かったものの、キャリア初期の専門家にユーザー調査を実施したところ、コンテンツが自分向けだとは必ずしも感じていないことがわかった
Webコンテンツのユーザー満足度	満足	調査協力者の90%が、探していた情報が見つかったと答え、85%がその情報は有益だと答えた
入会メリットに対するユーザー理解	不満足	コンテンツ内でしっかりメッセージを発信できているという想定だったが、ユーザーは入会メリットを理解しきれていなかった

さあ、これで新しいコンテンツができたときに効果を測定する用意ができました。備えあれば憂い無し。さらに便利なことに、メトリクスは、コンテンツの制作や改善計画を練る際に、コンテンツ・コンパスの代わりにもなります。

次章では、コンテンツのデザインに取りかかりますが、その前に、本章冒頭の言葉を繰り返しておきましょう。「測定は、それを基に次の行動を取らなければ意味がない」。測定後は、必要な改善策や制作プランを必ず練ると自分の心に誓ってください。そうでなければ、測定しなかったのと同じです。Chapter15では、測定結果を活用しながら、現行コンテンツを管理したり、新規コンテンツの計画を練る方法を解説します。

Chapter 13
コンテンツをデザインする

組織や企業は、戦略を練ってユーザーのニーズやビジネス目標を明らかにする作業をないがしろにして、すぐにコンテンツのデザインに取りかかろうとしがちです。その結果、「誰にとってもどうでもいい」ぐちゃぐちゃのコンテンツの山か、きっちり整理されてはいるけど、やっぱり「誰にとってもどうでもいい」大量のコンテンツばかりになってしまいます。

今回はそんなことにはなりません。だって今、コンテンツストラテジーを先に作っているんですから！　本章では、戦略を元にしながら、制作・管理すべきコンテンツを決める方法、そして見つけやすく、使いやすい形でそれを提示する方法を解説します。

「コンテンツ・デザイン」とは何か
What i mean by content design

デジタル・プロジェクトにおけるこのフェーズでは、さまざまな名前、成果物、制作物が登場します。あなたもきっと耳にしたことがあるでしょう。インフォメーション・アーキテクチャ（IA）、サイトマップ、ワイヤーフレーム、テンプレート、コンテンツタイプ、コンテンツモデル、ストラクチャードコンテンツ、ページアウトライン、コンポーネントライブラリ等々……。私は、これらをすべてひっくるめた用語として、「コンテンツ・デザイン」という言葉を使っています。

私がこの言葉を気に入っているのには、2つの理由があります。まず、この言葉によって、最高のデジタル体験を提供するのに必要な他の分野との関連性が生まれます。「ビジュアル・デザイン」「インタラクション・デザイン」「インターフェース・デザイン」、そして「コンテンツ・デザイン」。どれも便利で有益な体験を作り出すのに欠かせないものです。

次に、「デザイン」という言葉は、このフェーズで作るべきものをよく表わしています。プラン、設計図、スケッチ、概要、スキーム、モデル。これらはすべて、一種のデザインです。どの言葉にも、何かを盛り込む、見栄えを変える、機能を加えるといった要素が含まれています。

では、コンテンツのデザイン、つまり設計図の作成とは、具体的にどんな作業を指すのでしょうか。私はその作業と成果物を4つのカテゴリーに分類しました。プライオリタイゼーション／オーガナイゼーション／プレゼンテーション／スペシフィケーションの4つです。カテゴリー分けは簡単ではありませんでした。どれも1つのシステムの中で互いに絡みあったり、重なったりする部分があるからです。そこで本章では、この4カテゴリーがそれぞれ何を指すかを、Webサイトを例に解説します。

1 ｜ プライオリタイゼーション（優先順位付け）

サイトに置くべきコンテンツを決め、さらにそのコンテンツがユーザーや企業にとってどれだけ重要かという、相対的な優先順位付けをする作業です。主な成果物には、トピック・マップや優先順位表があります。

2 ｜ オーガナイゼーション（組織化）

なんらかのフレームワークを基にコンテンツの分類やラベリング、関連付けを行い、ユーザーが必要とするコンテンツを見つけやすく整理する作業です。主な成果物はサイトマップやタクソノミーがあります。

3 | プレゼンテーション

見出しや製品概要、本文、関連記事といったコンテンツを構成するパーツの配置を検討し、ユーザーへ提示する際のレイアウトを決める作業です。ランディング・ページや製品ページ、ブログといったどのサイトにおいても、テンプレートを使い回せるページもあれば、他にはない特別な構成を持ったページもあります。主な成果物は、コンテンツモデルやワイヤーフレーム（構成図）です。

4 | スペシフィケーション（仕様特定）

ページを構成するコンテンツや、そのコンテンツを構成するパーツを一段高いレベルで俯瞰する作業です。スペシフィケーションは、コンテンツモデルやワイヤーフレームがそのまま使える場合もあれば、別の成果物と組み合わせたほうがよい場合もあります。成果物の例としては、ページ構成要素表やコンテンツマトリクスが挙げられるでしょう。

ここからは、各カテゴリーについて実例を出しながら解説し、併せて便利なテンプレートやツールを紹介していきます。ただし、すべてのテンプレートやツールが、あなたのプロジェクトに使えるとは限りません。そのまま使えるときもあれば、自分に合った調整を加える必要が生じるときもあるでしょう。また、優れたツールやテンプレートのすべてを紹介しているわけでもありません。google検索すれば、他にもたくさんのツールが見つかることでしょう。

プライオリタイゼーション
Prioritization

とある情報設計者と話をしていたときのこと、彼はこう言いました。「クライアントから言われれば、どんなコンテンツだって整理するさ。だけどクライアントが依頼してくるコンテンツは、いつだって誰にとってもどうでもいいものばかりなんだ」と。悲しい言葉ですが、多くのWebサイトの実情を表しています。

私はこれを、「ゴミー現象」と読んでいます。人形劇の『フラグルロック』は覚えていますか？ゴミーは、主人公のフラグルたちに知恵を授けてくれる老婆です。ゴミーは古今のゴミが集まってできていますが、そのゴミが、昔話や知恵の出どころになっているんです。多くの組織は、作ったコンテンツを片っ端からウェブサイトに放りこんで、あとはユーザーが必要なものを見つけてくれ、と放ったらかしにしています。その中にはきっと、ものすごく役に立つ情報も含まれていて、企業側にとっては完璧なコンテンツ・アーカイブのつもりなのでしょう。

問題は、その中に、訪問者にとって重要なコンテンツがごく一部しか含まれていないことです。本当に必要なものはどれか、という基準に従って整理し直さなくては、コンテンツの管理しやすさや検索しやすさ、使いやすさは向上しません。

優先順位付けの作業は、そうした雑多なコンテンツを切り分けて、本当に有益で有意義な部分を見つけ出すためのものです。それにはまず、何を最も重視するかを決めなくてはなりません。なかには、発見フェーズの段階で、重視すべきコンテンツが概ね固まっている人もいるかもしれませんね。戦略も優先順位付けの参考になりますから。つまるところ、コンテンツを切り分ける斧は、「ビジネスへのインパクト」と「ユーザーのニーズ」の2つしかありません。

> **! Hint**
> タスクを表現する言葉はこだわりすぎないように。タスクには、「収支を改善したい」のような行動を表すものもあれば、「ライム病の症状を知りたい」のような情報を求めるものもあります

私がよく使っているのは「トップ・タスク分析」という方法です。作ったのはCustomer Carewords社の社長、ジェリー・マクガヴァンです（詳しくはwww.customercarewords.comを参照）。この方法を使って、実ユーザーに対する調査データから、ユーザーがサイトを訪れる目的を絞りこんでいきましょう。ソース（ユーザー）に当たれないときでも、目的の推察は可能です。方法はどうあれ、ユーザーにとっていちばん大事なタスクを見つければ、それを使って優先度の高いコンテンツやCTAを導き出せるはずです。

ユーザーのニーズがわかったら、次はそれをビジネス目標と照らし合わせて、次の4つのカテゴリーに分類します。

1 | 重視 [DRIVE]
企業とユーザーの双方にとって重要な、「重視すべき」コンテンツ。

2 | ガイド [GUIDE]
ユーザーの「ガイドとなる」コンテンツ。ユーザーにとっては重要だが、企業にとってメリットがあるとは限らないコンテンツ。

3 | 誘導 [FOCUS]
ユーザーを「誘導したい」コンテンツ。ユーザーが探しているわけではないが、企業にとって重要なコンテンツ。

4 | うんまあ [MEH]
企業とユーザーの双方にとってメリットや重要性は薄いが、それでもサイトに必要そうなコンテンツ。「なくてもいいけど、まあ必要か」という意味で「うんまあ」コンテンツと呼んでいます。

CHAPTER 13: コンテンツをデザインする

表13.1 トップ・タスク分析

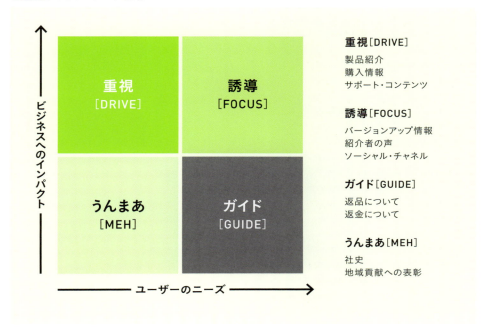

この例では、企業とユーザーの双方が「重視」しているのが、製品情報、購入方法、そして製品サポートのコンテンツです。同時に企業は、製品のバージョンアップ版や紹介者の声、さらにソーシャルメディアでのコンテンツへユーザーを誘導したいと考えています。一方でユーザーは、製品の返品や返金のルールを知りたいと思っていますから、これは企業にとって有益ではなくとも必要なコンテンツと言えます。そして、社史や表彰実績は、どちらにとってもさほど重要ではなく、優先順位は高くありません。

この情報を、ユーザー・シナリオやCTA、関連コンテンツなどと組み合わせることもできます。TOOL 13.1 は、コンテンツの優先順位表のテンプレートです。表13.2 としてこの実用例を紹介しましょう。

表13.2 優先順位付けワークシートの例

ユーザー・シナリオ	セグメント	重視	誘導	ガイド
競合他社を含めて自分に最も合う商品を探している	見込み客	☐ 製品紹介と仕様 ☐ 製品のレビュー ☐ 価格情報 ☐ 競合製品との比較	☐ ソーシャルメディアのチャネル ☐ 製品が獲得した賞	
商品を買おうと決めたので、購入方法を知りたい	見込み客	☐ 注文方法 ☐ 配送情報と費用	☐ アドオンやバージョンアップ情報 ☐ 紹介プログラム ☐ ソーシャルチャネル	☐ 返品と返金の情報 ☐ 保証の詳細
製品のアップグレードを検討中。新モデルと現行モデルとの違いを知りたい	ロイヤルカスタマー	☐ 製品紹介と仕様 ☐ 製品のレビュー ☐ 価格情報 ☐ バージョン比較		
製品が届いたけど、自分には合わなかったので返品したい	新規顧客		☐ トラブルシューティングと解決策 ☐ 交換に関する情報	☐ 返品と返金の情報

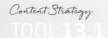

コンテンツの優先順位付けワークシート

コンテンツに優先順位をつけ、チームメンバーと共有するためのツールです

- ✔ 全部のテンプレートを使っても、1つだけでも、組み合わせてもOK。柔軟に活用してコンテンツに優先順位をつけ、チームで共有しましょう
- ✔ 優先順位をつけたコンテンツをどう組み合わせるかは、まだ気にしなくて大丈夫。まずはどれが必要かを把握しましょう

▶ Brain Traffic [www.braintraffic.com]

オーガナイゼーション
Organization

ここまででビジネス目標へ到達し、ユーザーのニーズを満たすには、どんなコンテンツが必要かがわかりました。次は、ユーザーが見つけやすい置き方を考えていきましょう。

私はただ体験を紹介してツールを提供しているわけではありません。それよりも、原則をお伝えするのが本書の目的です。というわけで、コンテンツの分類、ラベリング、関連付けにおいて非常に基本的なメカニズム2つを紹介します。「サイトマップ」と「タクソノミー」の2つです。

サイトマップ

サイトマップとは、言ってみればコンテンツの組織図です。サイトマップは、主要タブからセクションごとのランディングページへ、そこからさらに複数のサブページへ……という昔ながらの構造のサイトを整理するにはとりわけ便利です。

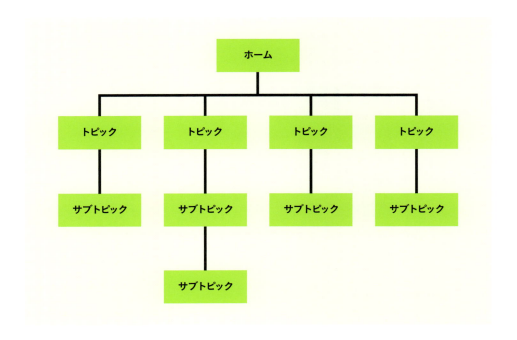

サイトマップは、サイトの構造を視覚化します。整理方法はさまざまで、お察しの通り、何がベストかは「ビジネス目標」と「ユーザーのニーズ」で決まります。ここでは2つの例を紹介しましょう。1つ目の例では、ユーザーは次の3つの観点から、クライアントのWebサイトを見ていました。

- **オフィスの場所**
  企業は自分の居住地域にオフィスを開設しているか
- **業界**
  企業は自分の業界での実績を持っているか
- **サービス**
  企業は自分が必要とするサービスを提供しているか

Webサイトの目的は、企業がこの3つのニーズを満たしているかを、訪問者が判断できるようにすることです。そして、ニーズを満たしていると思った訪問者に、その企業が頼りになる相談相手だと伝えることです。

そこで私たちは、サイトマップ（よく見かける普通のサイトマップです）だけでなく、ユーザーが目的地へたどり着くまでの「道のり」も図式化しました。

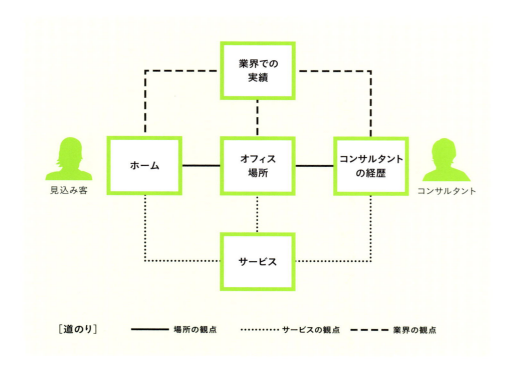

もう1つの例では、商品の一般的な販売サイクルに合わせて、クライアントのWebコンテンツを整理しました。ユーザーが販売サイクルのどこにいようと、その段階で必要な情報をすぐに見つけ出し、次のステップへ進めるようにすることが至上命題でした。

そこで私たちは、コンテンツをトピックごとに分類した本サイトの簡易サイトマップをつくりました。ここでは、各トピックが販売・購入サイクルのどこに当たるかの流れも併記しています。

タクソノミー

タクソノミーとは、何かを基準にコンテンツを分類したものです。ここでは、どう分類すれば、ユーザーが必要なコンテンツを見つけやすくなるかという部分を中心に話を進めます。

BrainTraffic社にはブログがあります。そして、ブログページ（blog.braintraffic.com）を訪れたユーザーは、ページ左のカテゴリ一覧を見ます。これがタクソノミーです。私たちはそうやってコンテンツを分類して、ユーザーが気になったトピックをクリックできる仕組みを作っています。その下には、執筆者一覧もあり、これもまたタクソノミーです。これによって、ユーザーは執筆者を確認できます。この2つは、さまざまなラベルを貼ってコンテンツを分類することで、ユーザーがコンテンツを選んだり、クリックしやすくするためのタクソノミーです。

一方、舞台裏で作動し、"オートマジカル"に関連コンテンツを表示するためのタクソノミーもあります。ここでも、先ほどの1つ目の例（コンテンツを場所／業界／サービスに分けたサイト）を使って話を進めましょう。この企業は、業界やオフィスの場所によって提供可能なサービ

> **Hint**
>
> 上のようなごく簡単なサイトマップを作るときでも、コンテンツの書き漏らしは絶対にないように。詳細なコンテンツマップを描く、あるいはChapter08の「コンテンツのスナップショット」のようなスプレッドシートを作るのもよいでしょう

> **Hint**
>
> すでにタクソノミーを使ってサイトのコンテンツをオートマジカルに整理する仕組みがあるなら、必要に応じて設定を調整するのを忘れないでください。たとえば、CMSで閲覧上位3件のブログが自動的に表示される設定になっているものの、上位のうち1件は賛否両論があったので表示したくなかったとします。この場合は、表示コンテンツを手動で設定できる仕組みが必要になるはずです

スが異なります。各サービスの詳細を、対応する業界ページやオフィスページへ自動的に表示させたいのなら、タクソノミーを使って、サービスを業界・場所と関連付けなくてはなりません。タクソノミーはCMS内で処理できる場合もありますが、通常はテーブルやスプレッドシートを使って、分類とそれを構成する用語を設定する必要があるでしょう。下はその一例です。

場所	業界	サービス
シカゴ	医療	コンテンツストラテジー
バルセロナ	金融	Webデザイン
ヘルシンキ	テクノロジー	ライティング
メキシコ	小売	ユーザー・エクスペリエンス
香港	エンターテインメント	開発

たとえば、シカゴでは、テクノロジー業界とエンターテインメント業界を対象に、コンテンツストラテジーとライティング、そしてWebデザインのサービスを提供していたとします。その場合は、タクソノミーを使って、シカゴ・オフィスのページには、対応する業界とサービスの情報だけが表示されるようにしないといけません。

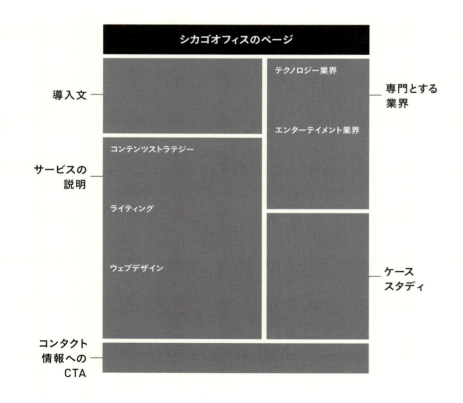

イイ感じでしょう？　そしてここに、タクソノミーを使ってさらに別の要素を加えると、もっとイイ感じのページに変身します。たとえば、CMS内ですべてのケーススタディに適切な場所／業界／サービスをタグ付けして、関連ページで自動的に表示されるようにする。あるいは、「ご連絡はこちらまで」のCTAにバリエーションを用意して、場所／業界／サービスのページごとに、それぞれ特定のCTAを関連付け、ページに合ったものが表示されるようにするという手もあります。まとめるなら……タクソノミーは魔法！ということです。

プレゼンテーション
Presentation

最初に断っておくと、ストラクチャードコンテンツについて、本書では細かく解説しません。それはとても重要ですが、それは本書とはまた別のテーマです。1つ言っておくとすれば、ほぼすべてのWebコンテンツには「ストラクチャ（構造）」があります。たとえそのサイトにテンプレートがなく、すべてのページが個別にHTMLでコード化されていた場合でも、それは変わりません。仮にCMS（あるなら）へきちんと整理して投入されていなかったとしても、やはり構造はあります。次のシンプルなブログ記事を見れば、それがわかると思います。

さて、プレゼンテーションの話に戻りましょう。あまりうまい例ではないかもしれませんが、感じはつかんでもらえると思います。最近、レストランのメニューで「デコンストラクティド・ラザニァ（崩したラザニア）」という料理をよく見かけるようになりました。でも、崩したラザニアの作り方を知るには、崩さない普通のラザニアの作り方を学ばなくてはなりませんよね？

コンテンツをどう提示すべきかを考えるとき、私はまず、ページを閲覧したユーザーにどんな体験をしてもらいたいか、を考えます。そして、ページを個々のパーツに分解し、他のページでも使い回しの効く共用パーツと、そのページでしか使えない固有パーツに分ける作業から始めます。

その際に使うのが「コア・モデル」という最高のテクニックです。それからもう1つ、「コンテンツモデル」という手法も紹介します。

コア・モデル

コア・モデルという考え方は、2007年、NetlifeReseach社のアル・ハランドによって生み出されました。アルは、ホームページこそがデジタル体験やデジタル・デザインの王様であるという考え方から脱却したいと思っていました。ユーザーがコンテンツへたどり着くルートは、今では検索エンジンが主流で、ホームページの重要性はどんどん下がっていますから、これは鋭い発想でした。

私にコア・モデルを教えてくれたのは、同じNetlifeReseach社のアイーダ・アーレンです。彼女からノルウェーがん協会（NCS）のケーススタディを教えてもらい、私は脳みそが揺さぶられるような衝撃を受けました。そこで今回は、私からではなく、「A List Apart」（www.alistapart.com）に載った彼女の言葉をそのまま紹介したいと思います。2015年1月6日に投稿された「コア・モデル——インサイド・アウト式デザインで結果を改善する」という記事からの抜粋です。彼女はまず、コア・モデルを使う際の準備から話を始めます。実は彼女たちも、ジェリー・マクガヴァンのトップ・タスク分析を使っていました。

コア・モデルを使うには次の2つが必要です。

■ **ビジネス目標**
優先順位の付いた、測定可能な目標とサブ目標。組織が目指すゴールはどこか

■ **ユーザー・タスク**
リサーチを経て発見し、優先順位を付けた、
実際のユーザーが行う必要のあるタスク／ユーザーが終わらせたいタスクは何か
私たちは通常、トップ・タスク分析からユーザーのタスクを明らかにします。
組織の足並みを揃えたいときにも、非常に便利なツールです

次にアイーダは、ビジネス目標とユーザー・タスクを分析すると、なぜサイトのコア・ページが見つかるかを説明します。内容は、「プライオリタイゼーション（優先順位付け）」の項と似ているので、みなさんにもわかりやすいでしょう。私は「重視すべき」コンテンツと呼びましたが、アイーダはそれを「コア（核）」と読んでいます。彼女によれば、コア・ページを割り出せれば、ユーザーが元々探していたのではない、しかし企業としては見てほしいコンテンツへ、ユーザーを導くルートが作れます。

> その一例が、NCSで言えば、肺がん情報のページです。
> 我々がユーザー調査を実施したところ、
> 質が高く、業界の権威と呼べる人物が執筆したがんに関する情報に対して、
> 非常に大きなニーズがあることを突き止めました。
> そして、NCSのビジネス目標がノルウェー国民の啓発である点を鑑みれば、
> ユーザーのニーズと組織の大目標がマッチしているのは明らかでした。
>
> ですが、寄付情報のページはどうでしょう？
> リサーチ結果によれば、資金提供に関する情報を求めて検索をする
> ユーザーは多くありません。
> しかしオンライン寄付は、研究資金を確保するためにNCSにとって欠かせない要素です。
> ここで登場するのが「コア・モデル」です。
> 優れたコアがあれば、そこから優れたルートを延ばし、
> サイト上の人気薄のページへ、IA上の位置とは関係なくユーザーを誘導できます。
> コア・ページは、絶対に袋小路にはならないのです。

次にアイーダは、コア・モデルの目的と成果を話します。

> コア・モデルがあれば、
> グラフィック・デザイナーは、デザイン上最も強調すべきキー要素がわかります。
> Webに詳しくないクライアントやステークホルダも、
> プロジェクトに積極的に関与できます。
> コピーライターやエディターは、サイロ思考をやめ、コンテンツの質が上がります…
>
> 最も重要なページに、どのコンテンツやモジュールを置くべきか。
> こうしたことを記した優先順位表があれば、チームの仕事は格段に楽になります。
> ユーザー・インターフェース・デザイナーにとっても、
> グラフィック・デザイナーにとっても、
> そしてコンテンツ・ストラテジストにとってもです……

この次がおもしろいのです。そう、彼女は、コア・モデル・ワークショップの開催方法を解説します。 TOOL 13.2 は、このワークショップの方法とコア・モデル・ワークシートをまとめたもの。ここですべてを紹介することはできないので、要点だけを紹介します。

Content Strategy TOOL 13.2

コア・モデル・ワークショップシート

⬇ Tool_13.2_Core_Model_Worksheets.pdf

ワークショップの進め方の指示を確認し、あなたが司会となってプロジェクトのコア・モデル策定ワークショップを開催しましょう

- ホームページはいちばん後回し。「コア・ページ」こそが、ホームページに何が起こるかを決めます
- デザイナーとライターには、コア・モデル・ワークシートのコピーを渡しましょう。彼らも、どんな画像や言葉を優先すべきかが判断しやすくなるはずです
- とにかく楽しむことが、ステークホルダーを巻き込み、足並みを揃えるためのポイントです

▶ Are Halland, Senior Information Architect, Netlife Research (www.netliferesearch.com)

1 | コアを見つける

コア・ページは、ビジネス目標とユーザーのタスクがマッチしているページを探せば見つかります。このステップは、ワークショップ中に行ってもいいですし、事前に済ませておいてもかまいません。「肺がん情報」を例にすれば、マッチした目標とタスクとは以下のようなものです。

ビジネス目標
- がん患者やその家族、友人を助ける
- がんやがん予防の知識を増やす

ユーザーのタスク
- さまざまな種類のがんについて学ぶ
- がんの症状を見極める
- がん予防のポイントを知る
- がん治療の情報を見つける（治療法、副作用、リスク、予後）

CHAPTER 13: コンテンツをデザインする

```
コア・ページ：   がんの形態（肺がん）

ビジネス目標（最低でも到達したい目標）：     ユーザー・タスク：
 がん患者やその家族、友人を助ける              がんの現状（症状、予後、治療）
 がんやがん予防の知識を増やす                  がんの症状
                                              がん予防
                                              がん治療


 到達ルート         コア・コンテンツ         後続ルート
```

2 | 到達ルートを考える

コア・ページが判明したら、いきなりコンテンツを作ったり、ページの見栄えを整えたりするのではなく、ユーザーがそのページへたどり着くまでの道筋を探りましょう。ユーザー調査の結果を入念に調べ、ルートを明らかにするのです。ユーザーは、そのページをどうやって見つけたのでしょうか。どうやってたどり着いたのでしょうか。

やり方は至ってシンプル。ステークホルダーに、ユーザー視点でページを見てもらえばよいのです。肺がんページの例なら、到達ルートは次のようなものが考えられます。

- ブラウザで「肺がん」を検索
- ブラウザで症状を検索
- ホームページ上のリンクをクリック
- 紙のチラシからリンクを発見

> **Hint**
> コア・ページ発見に関して、1つヒントを。自分でトップ・タスク分析を行い「これがコア・ページだ！」という自信があるなら、コア・ページの一覧表を用意してワークショップに臨むとよいでしょう。もちろん、ワークショップでステークホルダーとともにブレインストーミングを行って、みんなで優先順位をつけてもかまいません

199

3 | コア・コンテンツを決める

この段階から、コア・コンテンツに関する話し合いが始まります。組織の目標とユーザーのタスクを同時に満たすには、そのページにどんなコンテンツが必要でしょうか。どんな種類のモジュールや要素が欠かせないでしょうか。

ここでは、ワークシートに記載されたあらゆる情報が話し合いの材料になります。ビジネス目標、ユーザー・タスク、そして到達ルート。それらに基づいて考えた場合、優先的にページに載せるべきコンテンツはなんでしょうか。また、載せる順番も大切です。本格的なユーザー調査の結果が手元にあれば、作業はやりやすくなるでしょう。

NCSの例では、ユーザーが最も関心を持っているのはがん予防だとリサーチで判明していました。であれば当然、まずはページで予防について何らか語るべきでしょう。場合によっては、予防が難しいタイプのがんについても言及する必要があるかもしれません。

4 | 後続ルートを設定する

ここがコア・モデルの成功のカギを握るステップです。タスクを終えた訪問者を、次にどこへ誘導したいでしょうか。ここまでくれば、あまり極端なものでなければ、ビジネス目標を中心に話を進めてかまいません。

- がんの相談窓口（ユーザーが自己診断しないように）
- 特定の種類ではない、がん一般の予防法
- ユーザーが治療に関するコンテンツを読んでいる場合は、患者の権利
- NCSの活動やロビー活動情報（たとえば診察待ち時間の削減努力）

ユーザーのタスクという背景を忘れてはいけません。たとえば、がんが怖くなってサイトを訪れ、メラノーマ（悪性黒色腫）に関する確実な情報を得たいと思っているユーザーのカスタマー・ジャーニーが、「ぜひ寄付を！」というぶしつけなメッセージで終わるのは、本当に正しいでしょうか。それはあまりに無神経で失礼です。おそらく、そのユーザーが寄付したい気持ちになることはないでしょう。とはいえ、がん研究に関する一般的な情報を求めているユーザーが多くいるのもまた確か。そこで今回は、言葉を微調整すべきです。たとえば、「がん研究が大切だと思う方は、寄付によって我々の活動をご支援ください」ならどうでしょうか。「ぜひ寄付を！」よりは配慮が感じられますよね。実際にNCSでメッセージをこう変えたところ、寄付額が増えたそうです。

```
コア・ページ：　がんの形態（肺がん）

ビジネス目標（最低でも到達したい目標）：        ユーザー・タスク：
がん患者やその家族、友人を助ける              がんの現状（症状、予後、治療）
がんやがん予防の知識を増やす                がんの症状
                                    がん予防
                                    がん治療
```

到達ルート	コア・コンテンツ	後続ルート
「肺がん」で検索	■ まずは症状を知ることから！	相談窓口
症状を検索	■ 必ず医師の診察を受けましょう！ウェブサイトを使った自己診断は厳禁です	予防
ホームページ？	■ すべてのがんが予防できるわけではありません。発症には、予防努力だけでなく、リスク因子や原因も関わってきます	権利
チラシ	■ 生存率	NCSの考え方

5｜モバイル基準で優先順位を付ける

ここまでの4ステップを終えた段階で、ワークショップ参加者の気持ちは盛りあがっていることでしょう。ワークシートは、コンテンツやモジュールなど、載せたい要素のアイデアでいっぱいになっているはずです。

それ自体はすばらしいことですし、ワークショップはそうでなくてはいけません。ただ、ワークシートのとりとめのないアイデアは、気をつけて扱う必要があります。だって、アイデアの重要性がどれも同じということはありませんから。

だからこそ、この最終ステップで、すべての要素に優先順位をつける必要があります。その際に基準になるのが、「モバイルならどうか」という考え方。参加者に新しいシートを渡して、こう尋ねましょう。「小さな画面のモバイル端末しか手元になかったら、最優先で盛り込みたいのはどれですか？　書き出した要素に優先順位をつけてください」と。また、後続ルートについては、コア・コンテンツとのペアリングを考えましょう。

PART 4: 戦略を練る

コア・ページ： _____

ビジネス目標（最低でも1つに到達）：　　　　　ユーザー・タスク：

_____　　　_____

_____　　　_____

_____　　　_____

到達ルート　　　　　　　　　　　コア・コンテンツと後続ルート

どうでしたか？最高のツールでしょう？　ただしこれはまだ、コア・ページに置くコンテンツや要素が決まっただけの段階。そう、誘導先のページや、ガイドになるページのプレゼンテーションも考えなくてはいけません。そして、「うん、まあ」ページも。そうしたページが1つもないということは、多分ないでしょうから。

コンテンツモデル

2012年4月24日、「A List Apart」（www.alistapart.com）にRazorfish社のレイチェル・ラビンガーの記事がアップされました。タイトルは「コンテンツ・モデリング─極上のスキル」。それを見て、コンテンツ屋もデベロッパーも、そしてコンテンツストラテジストや情報設計者、UX屋も皆うなりました。この汎用ツールのおかげで、彼らのコンテンツに関するビジョンを形あるものに変換し、実際の制作スタッフがサイトを構築する際の参考にできるようになったからです。ウェブコンテンツに関するトレンドは追っていますか？　ぜひ「A List Apart」をチェックしてください。コンテンツを話題にした優れた記事がたくさん見つかるはずです。

レイチェルは、コンテンツモデルをこう定義しています。「コンテンツモデルとは、あるプロジ

ェクトで扱うあらゆるタイプのコンテンツを一箇所にまとめて示し、各タイプの細かな定義やタイプ同士の関係性を記したものだ」と。そして、コンテンツモデルの例として、次のような簡単な例を示しています。

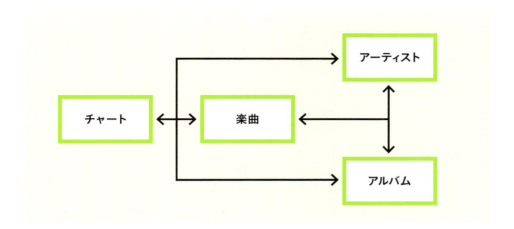

この図を見ると、音楽サイトのチャートがどんなパーツで構成されているかがわかります。パーツの中には、たとえばアーティスト情報など、もっと細かな要素に分割できるものもあります。ユーザーはまず、チャート・ページの楽曲リストを見るでしょう。そこには、楽曲名やアルバムタイトル、アーティストなどの情報が示されています。楽曲名をクリックすれば、おそらく曲が再生されるはずです。アーティスト名やアルバム名をクリックすれば、それぞれの詳細ページが開きます。そしてその詳細ページには、多くの場合、別の要素が含まれています。たとえば、アーティストのページなら略歴やディスコグラフィ、受賞歴やノミネート歴といったコンテンツがあるはず。コンテンツモデルでは、そうした要素をすべて書き出していきます。

1 | 一覧表を作る

コンテンツモデルを構築するには、まず、あるページを構成するすべてのパーツを書き出すことから始めるとよいでしょう。リストを作る際は、コア・モデル・ワークシートが最高の取っかかりになるはずです。書き出しが終わったら、次はコンテンツのタイプを図かスプレッドシートにまとめます。 TOOL 13.3 はコンテンツモデル・シートのテンプレートですので、リスト作りに活用してください。

一覧表の例として、ここでは図とスプレッドシートの両方を紹介しましょう。どちらも基となる情報は同じですが、見せ方が違います。「タイプ」とは、その名のとおり、ページ上に表示されるコンテンツの種類を指します。たとえば、「ヒーロー・イメージ」や「つかみ」（製品やサービスの特徴を簡潔に表した要素）がこれに当たります。「関連語彙」は、コンテンツをタグ付けしたいタクソノミーです。これを使って、コンテンツが適切なページへ表示されるようにするわけですね。そして最後に、「使用テンプレート」は、そのコンテンツを表示する際のテンプレートを指します（これについては後ほど説明します）。

表13.3 コンテンツモデルの整理図

A
タイプ：
ヒーロー
パーツ：
見出し／ティーザー／リンク付きCTA
関連語彙：
オーディエンス
使用テンプレート：
オーディエンス・ホーム／コーポレート・ホーム

B
タイプ：
つかみ
パーツ：
アイコン／ティーザー／リンク付きCTA
関連語彙：
オーディエンス
使用テンプレート：
オーディエンス・ホーム／コーポレート・ホーム

C
タイプ：
インタラクティブ／インフォグラフィック
パーツ：
見出し／リンク付きCTA
関連語彙：
オーディエンス／製品・サービス／トピック
使用テンプレート：
オーディエンス・ホーム

D
タイプ：
検索／ウィジェット
パーツ：
見出し／検索フィールド／検索ボタン
関連語彙：
オーディエンス／製品・サービス／トピック
使用テンプレート：
オーディエンス・ホーム／製品概要／製品情報

表13.4 コンテンツモデル一覧表

ID	タイプ	パーツ	使用テンプレート	関連語彙	備考
A	ヒーロー	見出し ティーザー リンク付きCTA	オーディエンス・ホーム コーポレート・ホーム	オーディエンス	
B	つかみ	アイコン ティーザー リンク付きCTA	オーディエンス・ホーム コーポレート・ホーム	オーディエンス	オーディエンス・ホームでは3つのつかみを使用予定
C	インタラクティブ／インフォグラフィック	見出し リンク付きCTA	オーディエンス・ホーム	オーディエンス 製品／サービス トピック	
D	検索／仕掛け	出し 検索フィールド 検索ボタン	オーディエンス・ホーム 製品概要 製品情報	オーディエンス 製品／サービス トピック	

コンテンツモデル・シート

⬇ Tool_13.3_Content_Model_Spreadsheet.xlsx

スプレッドシートを使って、コンテンツを構成する要素を一覧化し、それを組み合わせてページを作りましょう

- ✓ スプレッドシートの列は、チーム内でどんな情報を共有する必要があるかに合わせて調整してかまいません
- ✓ 開発者がスプレッドシートを使う場合は、彼らと一緒にシートを作り、必要な情報を提供するようにしましょう。コンテンツの整理の仕方を考えるのに、彼らの意見はとても参考になるはずです
- ✓ タイプ分けを何度も考え直さなくてはならないこともあるでしょう。大事な要素を見落として、あとで足す羽目になるよりはマシですから根気強く！

▶ Eileen Webb, Director of Strategy & Lifestock, Webmeadow (www.webmeadow.com)

Content Strategy
TOOL 13.3

2 | ページを組み直す

コンテンツ要素の一覧化が終わったら、今度はサイトでキーとなるページについて、ごく簡単なページ構造のワイヤーフレームをスケッチします。スケッチには、リストから抜き出したタイプ名と、各要素の重要度を記しましょう。

表13.5 は、ワイヤーフレームのスケッチ例です。アルファベットとその下の言葉は、コンテンツのタイプごとに割り振った番号と、タイプ名を表しています。丸数字は、各タイプのページ内での重要度順を示しています。

スケッチにはいくつかの目的があります。まず、ページ内での各要素の重要度を示して、ビジュアル・デザイナーがそれに従ってページをデザインできるようにすること。また、要素リストと併せて渡すことで、開発者がCMSに何を構築すればよいかがわかるようになることも大切です。また、次項で解説するコンテンツのスペシフィケーション（仕様特定）の出発点にする目的もあります。

表13.5 ワイヤーフレーム・スケッチの例

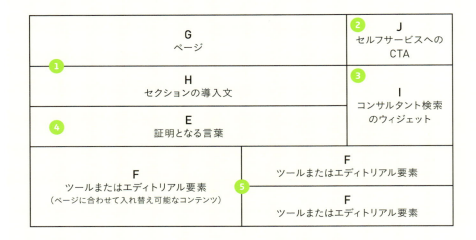

スペシフィケーション
Specifications

ここまでの作業で、サイトに置く予定のページ、そのページを構成する要素、そして各要素の重要度が把握できました。ここまで来れば、各ページを具体的にデザインする作業に取りかかれます。スペシフィケーション（仕様特定）を行う際、私はどんな情報を伝えたいかに合わせて、「エリア定義表」と「ページ構成要素表」という2つの図を使い分けるようにしています。TOOL 13.4 は、この2つのテンプレートです。

エリア定義表

エリア定義表は、使い回しの効くタイプのコンテンツに使います。わかりやすいのが、製品情報やオフィス紹介のページ。ここでは「オーガナイゼーション（組織化）」の項で紹介した例を使った図を紹介しましょう。

図では、左側に基本的なワイヤーフレーム・スケッチを載せています。右側のテキスト部分では、

まずページの目的を示し、そのあと載せるべきコンテンツを優先順に解説しています。そして最後に、これからコンテンツを制作し公開するにあたって取るべき行動を記しています。フレームワーク→目的→掲載コンテンツ→今後の行動。現時点では、この4つがクライアントに伝えなくてはならない最も大切な情報です。ただし、プロジェクトによっては、別の情報を書き込む必要もあるでしょう。たとえば、視覚コンテンツのイメージを添える場合もあると思います。

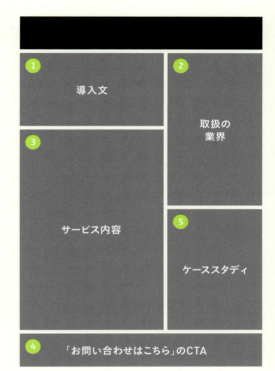

ページ構成要素表

スペシフィケーション（仕様化）で用いるもう1つのツールが、ページ構成要素表です。こちらは、画一的なエリア定義表では、細かい情報を伝えたり、具体的な指示を出すのが難しいときに使います。

こうした細かなスペシフィケーションが必要なコンテンツの例としては、「企業情報」のような特別なページが挙げられるでしょう。こうしたページでは、コンテンツ制作者に対して、何を書くかを細かく指定してあげないといけません。

もう1つの例としては、コンテンツを書くためのソースが十分ではない場合が挙げられます。こちらも、かなり細かく指示を出さなくてはなりません。ライターの中には、分野の専門家へインタビューを行ってページの概要を作成し、内容に誤りがないかを確認した上で、コンテンツを書き始めたいという人もいるかもしれません。

4.1 トレーニング教室

ページの目的：
見込み客にどんなトレーニング・プログラムがあるかを知ってもらう。
既存顧客にはトレーニングの種類を選ぶ際の参考にしてもらう。

ソース・コンテンツ： トレーニング・ハンドブック

フェーズ： 1（公開）

SME／コンテンツ責任者： ジェイン・フィッシャー（トレーニング・マネージャー）

ページタイトル	トレーニング教室
第1優先コンテンツ： メイン・コンテンツ	・トレーニング・プログラムとそのメリットを簡単に解説する ・受講する組織やオーディエンスに合わせて内容のカスタマイズが可能 ・オンサイト（受講者のオフィス）で実施 ・トレーニング・チームは経験豊富な講師／プログラマー／テクノロジー専門家で構成 ・講義／エクササイズ／アクティビティを組み合わせたプログラム
	アセット：教室のイメージ画像
第2優先コンテンツ： バーチャル教室	・バーチャル教室が、離れた場所にいる従業員に提供する体験について解説する ・「バーチャル教室」紹介ページ（ページ4.2）へのリンク
	アセット：スクリーンショット
第3優先コンテンツ： きめ細やかなサポート	・充実したサポートで、受講者はトレーニング開始から終了まで、常に学習機会を得られることをアピール ・「サポート」セクション（ページ5.1）へのリンク
	アセット：なし

■ **コンテンツ制作の実務について：** ソース・コンテンツは公開用ではないので注意。そのため、制作では大幅な編集作業が必要になると思われます
■ **メンテナンス頻度：** 当社の手を離れたあと、2年に1回の更新が必要と思われます
■ **特筆すべき課題／リスク：** なし

> **Hint**
> 私はSEOの専門家ではありません。できるのは、専門家の手を借りるタイミングを見極め、基本的な提案を行うことくらいです。SEO関連書で私のいちばんのお気に入りは『The Beginner's Guide to Seo from Moz』です

ページ構成要素表に載せる情報は、誰が使うかによって大きく変わります。ここで紹介した例（クリスティーナ・ハルヴァーソン、メリッサ・ラック著『Content Strategy for the Web, Second Edition』より引用）は、骨組みの骨組みくらいに思ってください。私はたいてい、メタディスクリプションやキーワード、フレンドリーURL、ブラウザ・タイトルといったSEO（検索エンジン最適化）対応情報も書き込むようにしています。また、テンプレート名や、コンテンツに入れるべき要素名も示すようにしています。

CHAPTER 13: コンテンツをデザインする

> ## エリア定義表＆ページ構成要素表
>
> ⬇ Tool_13.4_Content_Overlay_and_Page_Table_Templates.docx
>
> テンプレートを使って、コンテンツの仕様を特定しましょう
>
> - ✓ この図を使う人が必要とするものだけを書き込むようにしましょう。ステークホルダーや開発者、制作者を混乱させてはいけません
> - ✓ 複数の図で内容がかぶったり、余計な情報が入ることは避けましょう。そうしたものがあると、何か変更があったときに、複数の図を書き直さなくてはいけなくなってしまいます
> - ✓ 実際にコンテンツを作るスタッフとともに、作った図が本当に彼らの仕事を楽にするかを検証しましょう
>
> ▶ Brain Traffic (www.braintraffic.com)

Content Strategy
TOOL 13.4

コンテンツに最高のプランを
The best-laid plans

「最高のプランを練ろうがダメなときはダメだろう」と思った人がいるかもしれませんね。まあ、それは確かにそうです。いや、真面目な話。ですが、あなたはここまでものすごく頑張ってきました。ステークホルダーもそれはわかっています。開発チームはあなたに感謝してます。それに、コンテンツ制作スタッフとデザインスタッフ、そしてUXスタッフが協力し合うことができるなんて、とてつもなく素晴らしいことなのです。

すばらしいコンテンツを作るための準備はこれで完了です。舞台はすべて整いました。あとは、次章で解説するツールとプロセスを使って、これ以上ない最高のコンテンツを生み出し、それを世界に見せつけてやろうじゃありませんか。まあ世界は無理でも、ターゲット・オーディエンスとあなたのお母さんに披露してあげることはできるはずです！

Part 5

戦略を実行する

ここまで本当におつかれさまでした。ここでいったん、あなたがこれまで終わらせてきた仕事を列挙してみましょう。

- ■ コンテンツストラテジーの承認を得た
- ■ コンテンツストラテジーの拠り所となる強固な基盤を固めた
- ■ ビジネス目標とユーザーのニーズに関して、ステークホルダーと理解を一致させた
- ■ 戦略を立て、提供すべき適切なコンテンツと適切なターゲット・オーディエンス、そして提供する適切な理由を見つけた
- ■ 何をもって戦略の成功とするかを定めた

いやはや大変でしたね。ここまでの作業の価値を決して過小評価しないでください。残るはコンテンツを実際に作って戦略に命を吹き込み、それを長きにわたって維持・管理しながら、賢明な判断を下してコンテンツストラテジーをさらに前へ進めるだけです。私は、意図的にこのパートを短くまとめたわけではありません。まだ、やることはたくさんあります。ただ、ここまでに終わらせてきた作業が、これからの作業をすごく楽にしてくれます。それは、あなたもきっとわかっていることでしょう。

Chapter 14
戦略に沿ったコンテンツを作る

Chapter 15
コンテンツのメンテナンスと次の計画を立てる

Chapter 14
戦略に沿ったコンテンツを作る

いよいよこのときが来ました。舞台は整っています。さあ、組織を戦略目標へ近づけるコンテンツを作りましょう。そして作業が始まれば、組織の（あるいはクライアントの組織の）コンテンツ制作スタッフの全員が、あなたのこれまでの仕事、そしてこれからの仕事に感謝することになるでしょう。約束します。

この章は、大きく2つのパートに分かれています。前半が、コンテンツの制作プロセスと役割分担についての最善策を解説するパート。そして後半が、コンテンツの制作・レビュー・公開に役立つツールとガイドラインを紹介するパートです。

役割と担当、プロセス
Roles, Responsibilities, and Process

Chapter09では、プロセスと役割をめぐる問題を発見し、それをシートにまとめる作業を行いましたよね。ここではそのプロセスを改善して、以前よりも効果的かつ効率的にコンテンツ制作に打ち込むとしましょう。しかしプロセスと役割を検討するには、まず、どんなモデルを使ってコンテンツを制作するかを決めなくてはなりません。

1｜集中管理モデル

基本的には、コンテンツの制作と公開を1つの部署やチームが管理するモデルを指します。執筆者や編集者からなる専任チームが、分野の専門家や他のレビュアー（法務部やブランド管理部など）の意見を採り入れながら、すべてのコンテンツの制作・編集・公開を担当します。

2｜分散管理モデル

組織に散らばるさまざまなチームが、それぞれコンテンツの制作・編集・公開を担当します。チームメンバーは、特定のコンテンツ制作の専門知識や経験を持つスタッフで構成される場合があります。

3｜ハイブリッドモデル

上記の2モデルを組み合わせたものです。たとえば、制作は組織内の各チームが担当し、編集と公開は専任チームが受け持つという形。あるいは、専任チームがマーケティング・コンテンツをすべて担当し、製品チームがサポート・コンテンツを作るという形もありえます。

一貫性があり、戦略に合致したコンテンツを作るという点では、分散管理モデルの方がリスクが大きいと言えます。集中管理モデルの方が、コンパクトにコンテンツを管理できますから。どちらが合っているかは、CMSの使い勝手や、使えるリソース、メンバーのスキル、コンテンツの量、締切など、さまざまな要素で変わるでしょう。どちらを選ぶにせよ、大切なのは、制作スタッフの全員が、自分が担当する作業、そしてその作業の締切をわかっていることです。

担当者とその役割

コンテンツストラテジーの目標を達成するには、制作スタッフの基本的な役割と担当をしっかり決めておかなくてはなりません（ここでは文字コンテンツを想定して解説を進めますが、視覚コンテンツや動画、インフォグラフィックでも基本は同じです）。

忘れないでほしいのは、役割は、必ずしもイコール「肩書き」を意味するわけではないということです。役割とは、コンテンツ制作の過程で、その人が責任を持って終わらせるべき担当作業を表すのです。

である以上、担当の作業がさまざまや肩書きのスタッフに割り振られたり、ときにはフリーランスや契約のライターにまるまる外注することもありえます。逆に、ある肩書きのスタッフが、いくつかの役割を1人でこなすこともあるかもしれません。 TOOL 14.1 は役割表のサンプルです。チームやスタッフにどんな作業を割り振るかを記録したいときに使いましょう。

> **Hint**
> 本章では、コンテンツの制作・修正・公開作業に絞って役割と担当の話を進めています。コンテンツのメンテナンスや更新における役割と担当については、Chapter15で説明します

1 | 編集者

編集者は、コンテンツを戦略やブランドと一致させる作業の最終責任者です。サイトやコンテンツの管理モデル次第で、編集者は1人のこともあれば、複数のこともあるでしょう。編集者の仕事は、主に次の5つです。

- コンテンツ制作作業を執筆者に割り振る
- コンテンツのレビューを行い、フィードバックを返し、戦略とブランドに合致したコンテンツを作る
- コンテンツ制作で採用する編集基準を作成し、周知させる
- コンテンツを制作するすべてのスタッフに、戦略とブランドに合致したコンテンツを作るのに必要なツールを行き渡らせる
- 必要に応じてコンテンツ制作を外注し、外部リソースを管理する

役割と担当者リスト

Content Strategy
TOOL 14.1

⬇ Tool_14.1_Roles_And_Responsibilities_Matrix.docx

コンテンツ制作に必要な作業と、その作業を誰が担当するかをまとめましょう

- ✓ 1つの担当を、いろいろな肩書きのスタッフに割り振ってもOKです
- ✓ 逆に、いろいろな役割の複数の作業を、ある肩書きのスタッフが1人でまとめて担当することもあります
- ✓ スタッフに責任を持って作業をしてもらうには、まず、こちらが何を求めているかをわかってもらう必要があります。コミュニケーションがカギです

▶ Brain Traffic [www.braintraffic.com]

2 | 所有者

所有者は、個々のコンテンツの内容が正確かつ最新かを確認する作業を担当します。どの管理モデルを採用しても、所有者は組織内のさまざまな部署に散在しているはずです。たとえば、企業のウェブサイトなら、「求人」セクションの所有者は人事部長になりますよね。コンテンツ制作における所有者の仕事は、主に次の3つになります。

- 専門家とソース・コンテンツを見つけ、執筆者に知らせる
- 所属部署の視点から、コンテンツのレビューを行う
- コンテンツ制作の過程で出た質問に答える

3 | 執筆者

執筆者は、戦略とデザイン上の要件に基づいてコンテンツを作る担当者です。執筆者が担当する作業は、次の6つです。

- 必要な場合はコンテンツを具体化し、概要を決める
- ソース・コンテンツを確認し、執筆に必要な情報が足りているか確認する
- 専門家へのインタビューなどの追加リサーチを行い、執筆テーマへの理解を深める
- コンテンツの初稿を作り、専門家や編集者などのレビュアーに渡す
- フィードバックを基にコンテンツを書き直す
- 最終稿を公開者に渡す

4 | 専門家

各分野の専門家は、肩書きがそのまま担当作業を物語っていると言えるでしょう。専門家は、コンテンツが扱うテーマ（製品・サービス・部署・業界知識・トレンドなど）に詳しい人間です。担当作業は主に次の2つになります。

- 執筆者からのインタビューに応じ、専門知識を提供する
- コンテンツのレビューを行って内容の正確性を確認し、フィードバックを返す

> **Hint**
>
> 本来の肩書きから離れた役割や担当を割り当てなくてはならないことが多くあります。するとどうなるか。彼らはおそらく、作業をToDoリストのいちばん最後に回すでしょう。その作業を、職務記述書に加えるよう説得してみてください。そうすれば彼らも心置きなく、優先的に作業を進められるはずです

5 | レビュアー

レビュアーは、専門家と編集者以外で、公開前にコンテンツのレビューを行う人間の総称です。わかりやすい例としては、法務部やコンプライアンス室、ブランド管理部のスタッフでしょうか。レビュアーの仕事は、専門家とほぼ同じです。

- 執筆者からのインタビューに応じ、専門知識を提供する
- コンテンツのレビューを行い、組織内のガイドラインに沿っているか、法的要件を満たしているか等を確認しフィードバックを返す

6 | 校正者

コピー・エディターとも呼ばれる肩書きで、文法ミスや誤字脱字、フォーマットとの不一致を確認するのが仕事です。作業の性質上、執筆者や専門家、編集者にいちいち確認を取らず、原稿に手を入れることがあります。

7 | 公開者

公開者は、プロパティを（ウェブサイト・SNSチャネル・モバイルアプリなど、提示の形態がなんであれ）世に送りだす責任者です。担当作業は主に次の3つになります。

- コンテンツをCMSに投入する。もしくは、必要な情報（メタデータやタクソノミーの用語等）がすべて備わった状態で、正しく投入されているかを確認する
- 実際に公開する環境でコンテンツのプレビューを行い、動作確認をする
- コンテンツを公開し、正しく表示されているか確認する

プロセス

役割と担当者が決まったら、今度は戦略に沿ってコンテンツを制作・公開するのに最適なプロセスを決めましょう。プロセスは、役割が整理されれば、おのずとはっきりしてきます。

表14.1 で示すのは、コンテンツ公開までの流れを示した簡単なフローチャートの例です。濃い色のボックスは、なくてもかまわない可能性のあるもの。たとえば、ページ概要を作成したり、公開前に修正したりといった執筆者の作業は、やらなくてもかまわない場合があります。

表14.1 フローチャート

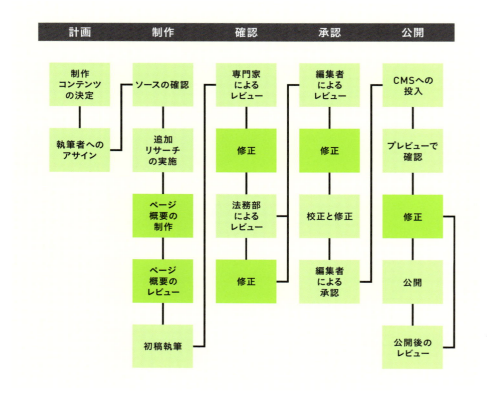

必要なステップを割り出したら、各ステップの細かな作業を詰めていきましょう。私の場合、フローチャートをクライアントへ提案する際には、次の5つの情報を必ずなんらかの形でまとめるようにしています。

1 | What：何？

各ステップで行う作業＋前後の作業は何か。たとえば「編集者がレビューを行って執筆者が修正した（前の作業）コンテンツを、校正者が校正し、公開者に渡す（後の作業）」など。

2 | Why：なぜ？

なぜそのステップが重要かを示すことで、作業の目的をメンバーに伝えるとともに、無駄なステップを削る助けにします。

3 | Who：だれ？

各ステップの作業担当者、また作業の進捗を知らせるべき人間と、相談すべき人間は誰か。

4 | When：いつ？

作業はいつ終わるか。つまり、チャートのどこに配置されていて、作業完了までにどれくらいの時間を見込んでいるか。

5 | How：どうやって？

作業の進め方です。どんな技術を使っているか。初稿はWordファイルでの提出か、それともCMSへの投入かなど。作業完了に必要なツールやガイドライン（これについては後ほど解説します）も記載します。

こうした情報は、フローチャート内に盛り込んでもかまいません。実際、Chapter09で作ったチャートでは、その形を取りましたよね。あるいは、情報だけをまとめたものをフローチャートに添えるのもいいでしょう。もっと言えば、ステップと作業を箇条書きでまとめた表を作れば、フローチャート自体が要りません。そうした表の例が 表14.2 です。ここでは、 表14.1 のフローチャートから［ステップ2：制作］を抜き出し、各タスク（ステップ内の5つうち不可欠な3つを抜粋）の詳細をまとめています。

大切なのは、フローチャートがコンテンツ制作に携わるすべてのスタッフ（と彼らの上司）に行き渡っていること／期待する成果が明確になっていること／すべての作業が漏れなく書き出されていることです。

表14.2 タスク表

What 何？	ソース・コンテンツのレビュー	追加リサーチの実施	初稿の執筆
Who だれ？	執筆者はソース・コンテンツのレビューを行い、情報のギャップがあれば、所有者との話し合いでそれを埋める	所有者のアドバイスを基に、執筆者は専門家へのインタビューの場を持つ。あるいは過去の刊行物や資料の確認を（併せて）行い、さらなる詳細情報を手に入れる	執筆者はコンテンツの初稿を書き、専門家にレビューしてもらう
Why なぜ？	執筆者が、正確なコンテンツを書くのに必要な情報を手に入れる	ソース・コンテンツだけでは欠けていた知識のギャップを埋める	初稿を専門家に渡し、確認・検証してもらう
When いつ？	割り振られてから3営業日以内	割り振られてから1週間以内	割り振りから2週間以内
How どうやって？	所有者がメールでソース・コンテンツを執筆者に送付する	執筆者は、インタビューガイドを使って専門家へのインタビューに臨む。また、信用できるソース一覧を参照しながら追加リサーチ行う	執筆者は、ボイス&トーンのガイドライン、コンテンツのスペシフィケーション、ペルソナを参考にしながら制作に臨む

コンテンツ制作のツール
Content creation tools

コンテンツ制作では、担当スタッフ全員が、今回はどんなコンテンツストラテジーが採用されていて、それがコンテンツにどう影響するかを理解していなければなりません。それには、コンテンツの制作・レビュー・承認に使うツールやガイドラインが必要です。スタッフにそうしたツールを渡し、戦略に沿ったコンテンツを作る参考にしてもらいましょう。

私はよく、こうしたツールやガイドラインを組み合わせてコンテンツのプレイブック（作戦ノート）を作りますが、ここでは特によく使う3つのツールを紹介しましょう。もちろん、3つすべてをいつも使うわけではありません。チームメンバーを見て、必要なものを選びます。編集の経験はどれくらいか、執筆に習熟しているか、コンテンツの複雑さはどのくらいか、外部リソースは使っているか、そしてコンテンツの管理モデルはどれを採用しているか。そういったことが基準になります。

コンテンツ制作インベストリ

1つ目のツールが、コンテンツの制作インベストリ（目録）です。実を言うと、これはChapter08の 表08.4 で紹介したコンテンツインベストリにちょっと手を加え、担当者割り振りから公開までの流れを追えるようにしただけのものです。共有と編集が可能なフォーマットで目録を作成し、作業の進捗に合わせた表の更新を担当者にお願いしておけば、制作の現状を常に追えるようにもなります。

インベストリには、ページID／ページ名／バッチナンバー／所有者名／執筆者名／専門家名／現在の状態／次のステップを記入します。ときには、締切日や完了日の列を加えることもあります。必要な項目は、どの情報があれば制作プロセスを滞りなく進められるかで決まります。 表14.3 はコンテンツ制作インベストリの例です。

表14.3 コンテンツ制作インベストリ

ID	ページ名	バッチ	所有者	執筆者	専門家	状態	次のステップ
1.0	コンテンツ・ストラテジーとは何か	1	石井友紀	伊藤文博	平田達也	専門家がレビュー中	8/1までに第2稿を入稿
2.0	我々のサービス	2	石井友紀	伊藤文博	平田達也	7/15に専門家へ初稿を入稿	8/1までに専門家がレビュー

スタイルガイド

2つ目のツールはスタイルガイドです。これは、オーディエンスに合わせた口調など、執筆の参考になる具体的な指示を記した文書です。私の場合、望ましいボイス＆トーン／状況に合わせた望ましいトーンのサンプル／ウェブライティングの最善例／使っているスタイル・マニュアル（『Yahoo! スタイルガイド』や『共同通信記者ハンドブック』『シカゴ・マニュアル・オブ・スタイル』など）からの例外事項などを大まかにまとめたものを、スタイルガイドのベースにしています。

組織にふさわしいボイス＆トーンがまだ決まっていない場合は、カードソーティング（カードを仕分けして傾向を探り出す手法）のエクササイズを実施しましょう。私はこの方法を、Appropriate 社の社長、マーゴット・ブルームステインが書いた『Content Strategy at Work: Real-World Stories to Strengthen Every Interactive Project』（現場でのコンテンツストラテジー―すべてのインタラクティブなプロジェクトを強化する現実のストーリー）で学びました。ここでは、私なりの進め方を簡単に紹介します。

❶ **形容詞を書いたカードを用意する**
さまざまな形容詞を書いたカードの山札を用意します。マーゴットは150枚作るように言っていますが、私はだいたい50枚くらいにまとめています。ポイントは、似た意味に取れる言葉をいくつか入れておくことです。

❷ **カードを4つに分類する**
大きな机のある会議室にステークホルダーを集め、カードを次の4カテゴリーに仕分けしてもらいます。あなた自身も事前に分類しておくとよいでしょう。

- 我々は現在こういうふうに思われており、これは望ましい状態と言える
- 我々は現在こういうふうに思われていないが、これで望ましい状態と言える
- 我々は現在こういうふうに思われておらず、これは望ましい状態と言えない
- 我々は現在こういうふうに思われているが、これは望ましい状態と言えない

❸ **エクササイズの会話に注目する**
エクササイズを行う参加者の様子に気を配り、彼らの声に耳を傾けましょう。反応の大きさや、納得の度合い、言葉の意味の微妙な違いに対する反応などを確かめます。たとえば、先日実施したとあるエクササイズでは、クライアントは似た意味を持つ2つの言葉に強い反応を示しました。それは「革新的」と「最先端」。クライアントは、自分たちを革新的だと思ってほしいと感じる一方で、最先端だとは思ってほしくないと考えていました。そして話し合いを通じて、この2つの言葉の微妙な、しかし非常に大切な違いを探り出すことができたのです。

Hint

ウェブ・ライティング（というより、文章術そのもの）のベストプラクティスやアドバイスが詰まったすばらしい参考図書を紹介しましょう。ニコール・フェントン、ケイト・キーファー・リー著『伝わるWebライティング』（ビー・エヌ・エヌ新社）です

❹ **「望ましくない」カテゴリーを脇へ置く**
「望ましくない」2つのカテゴリーのカードをそれぞれゴムでまとめ、後で確認するために脇へよけておきます。このカテゴリーに入る形容詞も必ず記録しておくのを忘れずに。そう思われたくない理由は、思われたい理由と同じくらい大切です。

❺ **「望ましい」カテゴリーをさらに分類**
「望ましい」2つのカテゴリーのカードを集め、それをさらに5〜6つのサブカテゴリーに仕分けしてもらいます。このときも、ステークホルダーの話し合いに耳を傾け、なぜそのカードをそのカテゴリーに入れるかを理解しましょう。

❻ **サブカテゴリーの代表を選出する**
各サブカテゴリーのカードの中から、そのサブカテゴリーを最もよく表していると思う形容詞、飛び抜けて優れていると思う形容詞をそれぞれ1つずつ選んでもらいます。

❼ **サブカテゴリーに優先順位をつける**
分類した5〜6つのサブカテゴリーに優先順位をつけてもらいます。

❽ **優先順位の確認**
オーディエンスやユーザーによって、その優先順位が変わるかを尋ねます。ここでも、話し合いに耳を傾けてメモを取りましょう。

Content Strategy
TOOL 14.2

カードソーティング・エクササイズ

あなたが司会になってカードソーティングのエクササイズを実施しましょう

- ✓ カードは手書きでかまいません
- ✓ できる限り実際に集まってエクササイズを実施しましょう。ここでの話し合いからは、最後にできあがるリストと同等以上のインサイトが得られます
- ✓ ここで紹介したのはスタイルガイド作りと関係があるからですが、もっと前の発見フェーズの段階で実施してもよいでしょう
- ✓ 集まれない場合は、Optimal Sortのようなカードソーティングのオンライン・アプリあるいはワードファイルを使って個別にエクササイズを実施します。その場合は、エクササイズ後にそれぞれのメンバーと個別に連絡を取り、ニュアンスを確認するのを忘れずに

▶ Margot Bloomstein, principal, Appropriate, Inc. (www.appropriateinc.com)

このエクササイズで集まったデータに、これまで組織について見知ってきたあらゆる情報、そしてコンテンツの目的を加えれば、望ましいボイス＆トーンが定まるはずです。決まったら、制作スタッフに伝えます。渡すのは箇条書きのリストでもいいですし、 表14.4 のような円グラフでもかまいません。これは私と同じコンテンツストラテジストで、Contenterie社の社長キャメロン・シーワートが使っている方法で、「ボイス＆トーン アルゴリズム」と呼んでいます。

表14.4　ボイス＆トーン アルゴリズム

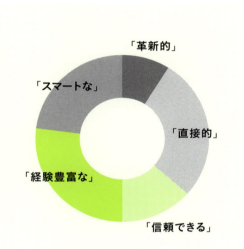

「革新的」
我々が先鞭をつけた技術革新を武器に、個々のユーザーのニーズに合った具体的な解決策を提示する

「直接的」
メッセージ自体が複雑でも、伝え方は明快に

「信頼できる」
自分たちが作ったトレンドでなければ、最新のトレンドには跳び付かない。我々のアプローチは、入念なリサーチと、強力で信頼できるプロセスに根ざしている。

「経験豊富な」
われわれは業界で長い経験を持ち、実績も十分である。

「スマートな」
ユーザーがクライアントか、見込み客か、一見の訪問者かによらず、我々は業界の状況やトレンドについて、ユーザーが信頼できる情報源である。

フィードバック記入用紙とチェックリスト

最後はフィードバックのためのツールです。もし、あなたがコンテンツを書いてレビュアーにレビューしてもらった経験があるなら、きっと求めていたのとはだいぶ違うフィードバックが返ってきたことがあるはず。私にも経験がありますが、原因はたいてい、どんなフィードバックがほしいかをあらかじめ明確にしておかなかったことにあります。

たとえば、私たちのプロセスでは、レビュアーはそれぞれ固有の観点からコンテンツのレビューを行います。専門家なら、コンテンツの正確性の確認。法務なら、コンテンツが原因で組織が法的な問題に巻き込まれないようにすることを目的にレビューを行います。そして編集者は、コンテンツが戦略に合致しているか、望ましいボイス＆トーンで書かれているか、ウェブ・ライティングのベストプラクティスを踏襲しているかを確認します。

編集者なら、元から編集作業のあれこれに詳しい人も多いでしょうが、専門家や法務部スタッフはそうとは限りません。ですから彼らには、どんな観点からレビューしてほしいかを正確に伝えておくことが大切になってきます。そのためには、明確な指示を送るのはもちろん、それに加えて「フィードバック記入用紙」を渡し、その中の具体的な質問に答えてもらうというやり方が効果的です。

表14.5 がその一例です。これは、専門家が製品に関するコンテンツのレビューを行う際のフィードバック記入用紙です。

表14.5 フィードバック記入用紙

レビュアーの方へ

- コンテンツのレビューを始める前に、まずはページの目的と、コンテンツ例を確認してください

- レビューの際は、情報が正確か、必要な情報がすべて揃っているかを確認してください。編集の必要はありません。みなさんからのフィードバックを参考に、こちらで適宜修正を加えて第2、第3稿を作成します

- フィードバックは、Wordファイルのコメント機能を使うか、この用紙のコメント欄に記入してください

- Wordファイルの本文には手を加えないでください

- 文法間違いや誤字脱字は無視してください。そちらは校正者がチェックします

質問	YES	NO
コンテンツは製品の特徴やメリットを正確に表していますか？		
コメント		

質問	YES	NO
重要な情報で抜けているものはありましたか？		
コメント		

公開へ向けた準備が万全かを確認するには、チェックリストを使うのもよい方法です。特に、分散型モデルで編集者が組織内の各所に散らばっている場合、つまり編集作業にあまり慣れておらず、トレーニングや専門知識も十分ではない場合は、確認事項を示したチェックリストは作業を格段に楽にします。校正者には、よくある文法ミスやフォーマット上の間違い、句読点の打ち間違いなどのチェックリストを渡して、それらを潰してもらいます。公開者に対しては、「公開」ボタンを押す前の簡易確認リストを渡すと、作業のやり直しを減らせるでしょう。

チェックリストについても例を紹介しておきましょう。 表14.6 は、コンテンツが戦略に沿っているかを編集者が確認する際のリストです。

表14.6 チェックリストの例

◎	レビュー項目
	コンテンツは、戦略にのっとって〈オーディエンス〉のために〈コンテンツの中身〉を行い、〈期待される結果〉を起こせるようになっている
	メッセージフレームワークに示したような証明の文言が盛り込まれている
	ユーザーが行うであろうタスク、求めるであろう情報に言及している
	ユーザーが次に行う（べき）行動が明確に示されている
	CTAが目立つ位置に適切に配置されている

あとは書くだけ！
Ready, Set, Write.

さあこれで、コンテンツを制作するスタッフがスムーズに作業を進められる下地が整いました。きっとスタッフは、自信を持ってコンテンツの制作・レビュー・承認・公開に取り組み、組織のビジネス目標達成に貢献するコンテンツを作ってくれるでしょう。あなたは今、「よくやった」と肩をポンと叩かれるような仕事を終わらせたのです。ウィスキーの1杯くらいおごってもらえるかもしれませんね。

遠慮せずお祝いしましょう。ただ、リラックスしすぎは厳禁。あと1つ、最後の仕事が残っています。次章では、このあとコンテンツに何が起こるかを解説します。コンテンツを作ったら、今度はそれをメンテナンスし、次に作るべきコンテンツの計画を立て、想定どおりに事が進むよう、すべてを"統治"しなくてはならないのです。

Chapter 15
コンテンツの メンテナンスと 次の計画を立てる

コンテンツというのは、いったん作ったらあとはきれいさっぱり忘れてOK、というものではありません。もちろん、組織内の好きな人間が、好きなときに好きなものを公開していいわけでもありません。ところが、今言ったようなことが、数多くのウェブサイトやデジタル・プロパティで起こっているのが実情です。

わざとそんなことをする組織はありません。彼らは時間がないのです。あるいは、責任者が決まっていないのです。なぜでしょうか？　おそらく彼らは、コンテンツに管理者が必要だなんて考えたこともなく、公開やサイトのリデザインの段階になって、はじめてそのことに思い至るのでしょう。本章では、そうした落とし穴にはまるのを避ける方法を紹介します。コンテンツがすばらしいタイミングで公開され、戦略に合致し、最新で、いつまでも色あせない価値を持つにはどうすればいいかを考えていきましょう。

コンテンツのライフサイクル
The content lifecycle

ここでは、コンテンツにライフサイクルという考え方を持ち込むと、話がわかりやすくなります。次に示すのは、コンテンツの理想的なライフサイクルの図。考案者は、私と同じコンテンツストラテジストのエリン・サイムです。

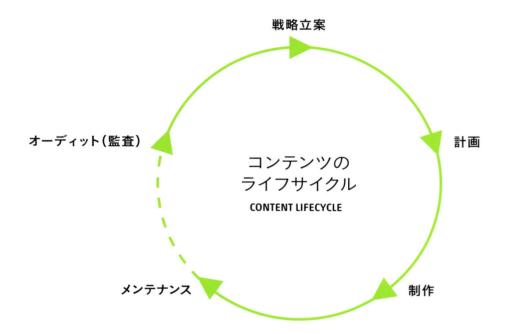

1 | 戦略立案
どんなコンテンツを誰向けに、どんな理由で作るか、どう整理してどう見せるかを決めます。すでにあなたが終わらせた部分ですね。

2 | 計画
制作スタッフの役割と担当、プロセスを決めるパートです。Chapter14で終えた作業ですね。

3 | 制作
ツールを用意して担当スタッフにコンテンツの制作、承認、公開をしてもらいます。これも前章で終わらせました。

4 | メンテナンス

ほとんど変更が行われないものであっても、大半のコンテンツには少なくとも年に1回、レビューを行って更新（または削除）する作業が必要です。ものによっては、賞味期限を保つため、もっとまめに更新しなくてはならないものもあります。

5 | オーディット

ここで言うオーディット（監査）とは評価のことだと思ってください。コンテンツの状態を測る方法については、たくさん話してきたので、もうおわかりですよね。

お気づきのとおり、ライフサイクルに終わりはありません。戦略の定期的な再評価は大切です。組織のビジネスモデルや優先事項が変わったり、新たな競合相手が現れたり、ターゲット・オーディエンスが移った場合は、特にそうでしょう。こうした事態が生じたら、本書で解説した発見フェーズ（Part3）に再び取り組み、戦略を調整しましょう。

こうしたサイクルを一言で表すコンセプトがあるとすれば、それは「ガバナンス」です。そこでここからは、コンテンツ・ガバナンスの3大要素、「決定権の設定」「現行コンテンツのメンテナンス」「新コンテンツの計画」について解説していきます。

決定権の設定
Authority

あなたの組織に、コンテンツに関する基準を定め、戦略から外れたアイデアにノーを言える権限を持つ人間がいなければ、コンテンツのガバナンスはうまくいきません。そしてガバナンスできなければ、戦略は崩壊します。絶対、確実に、例外なく。まばゆい輝きを放ち、耳に心地いいアイデアは次々に出てくるもの。しかしそれが、ビジネス目標への到達を近づけ、ユーザーのニーズを満たすとは限らないのです。

決定権者には、少なくとも2つのタイプがあります。「戦略の責任」「実行の責任」の2つです。どちらも重要な役割を担っていて、「イエスかノー」を言う権限が備わり、その決断に実際の効力を持たせることができなくてはなりません。でなければ、次のような問題が起こるでしょう。

- ホームページがさまざまなコンテンツでごった返す。公開した人間はみな、自分の出したコンテンツがいちばん重要だと思っているが、その実、オーディエンスにはなんの価値も提供していない
- セクション全体で訪問者がゼロ
- ビジネスパートナーが管理者の目を逃れるために作った1回きりの高価なマイクロサイトが大量にあふれる
- 同じ情報が形を変えて11回も登場する。あっちのマイクロサイトにも、こっちのサイトにも
- なんでこんなややこしいことをするんだ！とデキるスタッフが苛つく

1 | 戦略の責任者

コンテンツストラテジーを完遂し、その成功を実証する最終責任者に与えられます。この人物は、たとえクールなアイデアを出してきたのがCMOであっても、ROIが伴っていなければ「ノー」と言える権限がなくてはいけません。

2 | 実行の責任者

どちらかと言えば、現場のコンテンツ制作の監督に近いものです。たとえば、ホームページの編集予定表を管理したり、想定外の更新要請に優先順位を付けたり、メンテナンスのプロセスの調整を行ったり、編集業務全般を監督したり。実行の管理者には、たとえばプロダクト・マネージャーが「新製品の発売に合わせてホームページを全面リニューアルしてほしい」と言ってきたときでも、同時期にもっと優先度の高い重要イベントが予定されていたなら、「それは不可能です」と言える権限が必要です。

どちらのタイプの責任者にも、Chapter09で紹介したのと似たような担当業務が伴います。前章でも触れましたが、役割は、肩書きと必ずしも一致しないことをお忘れなく。併せて TOOL 15.1 も参考にしてください。このツールは、コンテンツストラテジーのスキル一覧表。作ったのはContent Strategy, Inc.の共同創業者、メリッサ・ブレカーです。

> ### コンテンツストラテジーのスキル一覧
>
> ⬇ Tool_15.1_Content_Strategy_Skillsets.docx
>
> コンテンツストラテジーに必要な役割と作業がカバーできているかを確認しましょう
>
> - 表をチェックリスト代わりに使い、チームや組織全体で必要なスキルをカバーできているか確認しましょう。1人の人物がすべてのスキルをもっていることはまずありません
> - 自分なりに必要なスキルを加えて、あらゆるデジタル分野に適応できるようにしましょう
>
> ▶ Melissa Breker, co-founder of Content Strategy Inc. [www.contentstrategyinc.com]

Content Strategy **TOOL 15.1**

戦略責任者の役割

戦略の管理者は、1人にすることをオススメします。担当作業のいくつかを、別のスタッフに任せるのはかまいませんが、最終統括者は1人であるべきです。戦略の管理者になる可能性が高い肩書きとしては、デジタル・エクスペリエンス部長、コンテンツストラテジー部長、ウェブ編集長、インタラクティブ・マーケティング部長などが挙げられるでしょう。どの例にも「部長」や「主幹」といった言葉があるのに気づいたかと思います。肩書きには意味があります。つまり、部長レベルの人間でなければ、決定権を持っているとみなされにくいということです。戦略責任者が担当する作業を見ていきましょう。

- ビジネス目標や優先事項が変わった場合、自ら陣頭指揮を執って、コンテンツストラテジーの再評価と刷新を行う
- コンテンツ関連業務の年間予算を準備する
- 戦略実行に必要な人的リソースの量を割り出す
- コンテンツ制作のロードマップ作成・調整プロセスを管理し、下した決断をビジネスパートナーに伝える
- コンテンツの制作者・レビュアー・公開者に、必要なツール・基準・ガイドラインを確実に行き渡らせる

- コンテンツの成功を測るメトリクスを定め、コンテンツの実効性を測定する。測定結果を基に、コンテンツの改善プロジェクトを提案する
- ウェブ運用やインタラクティブ・マーケティング、テクノロジー増強に関するミーティングでは、コンテンツの支持者にして報道官を務める

実行責任者の役割

実行責任の役割と担当は、組織内の複数の肩書きの人間に分散することが多いでしょう。Chapter09でも触れましたが、実行作業はコンテンツ担当チームに集中することもあれば、組織全体に散らばることもあります。可能であれば、関係のありそうな作業はなるべく同じ人物にまとめて割り振るようにしてください。実行責任者の役割と担当には、以下のようなものがあります。

- ビジネスパートナーからのコンテンツに関する要請を管理し、決定を伝える
- 日々のコンテンツ制作、編集、公開の予定を立て、担当スタッフをマネジメンする
- 公開前にコンテンツのレビューを行い、制作者へフィードバックを返す
- 先生役として、ビジネスパートナーにコンテンツのベストプラクティスのガイドラインを教える
- ホームページなど、主要コンテンツの編集予定表を作成、管理する
- コンテンツの維持プロセスを管理し、ビジネスパートナーに訓練を施して、彼ら自身でコンテンツの監査を行えるようにする

コンテンツをメンテナンスする
Maintenance

コンテンツを公開する前には、これからコンテンツをどうやって維持していくかという計画がなければなりません。コンテンツのメンテナンスは「想定内のメンテナンス」と「想定外のメンテナンス」の2つのカテゴリーに分かれます。

想定内のメンテナンス

メンテナンス作業は、コンテンツストラテジーが実行に移された時点で、大量に発生します。具体的には、効果測定の一環として、コンテンツの定期評価を行ったり、正確性やベストプラクティス踏襲の定例レビューを行ったりといった作業です。

各コンテンツのレビューは、最低でも1年に1回は実施してください。一度にすべてのコンテンツをまとめて確認してもいいですし、いくつかのパーツに切り分け、月ごとや四半期ごとに順次監査するという方法もあります。

効果測定の一環としてレビューを実施する場合は、戦略に沿っているか、オーディエンスが求めている内容か、キーメッセージが伝わっているか、明確なCTAが入っているか、そしてブランドイメージを映したボイス＆トーンで書かれているかといった点を確認します。こうしたレビューは、外注に出した方が、新鮮な視点が提供されて有益でしょう。

とはいえ、定期レビューはコンテンツ所有者や専門家等のレビュアーにも行ってもらい、コンテンツの正確性が損なわれていないか、法律や規制は引き続き遵守できているかを確認しないといけません。これは非常に重要な作業ですが、レビュアーにかなりの手間を強いるので、できる限り簡素化することが肝心です。

そこで彼らには、コンテンツインベストリを渡して、何について確認してもらいたいかを明確に示しましょう。インベストリに各レビュアー用の列を加えるだけなので簡単です。Chapter14のチェックリストとフィードバック記入用紙と同じように、何に関するフィードバックがほしいかもはっきり指示しましょう。 表15.1 は、想定内メンテナンスのプロセスの例です。参考にしてみてください。

表15.1 想定内メンテナンスのプロセス

ステップ	内容	担当者
1	メンテナンスの予定を立てる	ウェブ・マネージャー
2	ツールを用意する ■ コンテンツインベストリ ■ 評価基準 ■ レビュアーへの指示	ウェブ・マネージャー
3	レビュアー向けの ミーティングとトレーニングの開催	ウェブ・マネージャー／ コンテンツ所有者／専門家／法務担当
4	レビューを実施し データをインベストリに記録	コンテンツ所有者／専門家／法務担当
5	インベストリをまとめ 更新プロジェクトの計画を立てる	ウェブ・マネージャー
6	計画を承認する	コンテンツストラテジー部長
7	リソースを割り振る	ウェブ・マネージャー
8	プレビュー環境でコンテンツを更新	執筆者／公開者
9	レビューを行い更新を承認	編集者／コンテンツ所有者
10	更新したものを公開	公開者

想定外のメンテナンス

想定外のメンテナンスは、できれば1つも起きてほしくないもの。ですが、起きてしまった場合でも、維持計画があれば対処が楽になります。悠長に更新を待っていられない状況、たとえば製品やサービスが販売停止になったり、組織の幹部が辞めたり、規制が有無を言わさず施行されたりといった場面では、一定のプロセスを経てそうした変化に対応しなくてはなりません。

想定外のメンテナンスが必要になったときの対応はさまざまです。ウェブチームにメールを送る方法もあれば、Lotus Notesのようなデータベースを作って要請を送ったり管理したりという方法もあるでしょう。ですが、ただメールでやりとりするよりも、もっと簡単にプロセスを追跡できる「システム」があれば便利ですよね。つまり、Google Documentのようなシンプルな記入フォームを用意して、変更箇所や具体的な変更内容に関する情報を、あなたと担当者でやり取りできるようにすればよいのです。

表15.2 想定外メンテナンスの更新依頼シートの例

想定外の更新要請

コンテンツの変更要請を行うときは、この記入用紙を使ってください

更新が必要なコンテンツはどれですか？
　URLのリストもしくはパンくずリスト

_____

更新内容を具体的に教えてください
　第2段落の第2文というように、具体的な場所を示してください

_____

変更後に、法務部やコンプライアンス部によるレビューが必要ですか？
　□ はい　　□ いいえ　　□ わからない

公開前に、プレビュー環境での承認が必要ですか？
　□ はい　　□ いいえ

変更が必要な理由を教えてください。
　□ 法務／コンプライアンスの面で必要になったから
　□ 情報がもう正確ではない
　□ カスタマー・サポート部から変更するよう言われた
　□ その他

変更の緊急度はどのくらいですか？
　□ ビジネスにとって致命的で、緊急
　□ ビジネスにとって重要だが、緊急ではない
　□ 重要性は低い

この記入用紙を受け取ったら、ウェブ・マネージャーや編集者（実行の決定権を持つ人間）が、編集側でのレビューが必要か、他の作業と比べた場合の優先度はどのくらいかを判断します。優先順位付けは、数字を使ってランキングをつけるとよいでしょう。要請を出したスタッフに、要請の緊急度と作業量について1〜3点で点数をつけてもらいます。重要で緊急度が高いものは1点、重要だが緊急度は低いものは2点、重要ではないものは3点をつけます。次に、変更に伴う作業量が少ないと思うときは1点、普通なら2点、多いなら3点をつけます。そして両方を合計し、点数がいちばん少ないものを最優先で対応するのです。簡単な計算でしょう？

> **Hint**
> 変更要請が今どんな状態にあるかは、ビジネスパートナーにも伝えるようにしましょう。その際、要請対応用のデータベースを作ると便利です。ただし、要請の量がさほどでもないときは、メールも個別に送るようにしましょう

新コンテンツの計画を立てる
Planning

ガバナンスやメンテナンスと同じように、新コンテンツの計画も、2つのカテゴリーに分類できます。「コンテンツの計画」と「編集の計画」です。

大きく言って「コンテンツの計画」は、どちらかと言えば戦略的な意味合いの強いものです。たとえば、コンテンツストラテジーを今年こそ実施して、ユーザー体験の質を高め、ブランドを構築し、機能していないコンテンツを改善するのは、コンテンツの計画に当たります。一方で、「編集の計画」は、位置や方法に重点を置きます。製品の販促コンテンツやイベントの告知、ソート・キャピタルをサイトのどの位置へ置き、どういう切り口で売り込むかを考えるのが、編集の計画です。

まずはコンテンツの計画を決めましょう。そうすると、おのずと編集の計画も決まってきます。たとえば、前にも使った小児歯科医の例の場合。歯科医のサイト上で、子どもの年齢に合わせた歯の磨き方を教える動画を作る計画を立てたとしましょう。これは戦略的な判断です。ですが決断のあとには、その動画の存在をサイトやソーシャルメディアのどこで宣伝して、どうやって知ってもらうかを決めなくてはなりません。自然な流れですよね。

コンテンツの計画

今言ったとおり、こちらは戦略的な活動です。つまり、戦略的な位置にいる人間に関わってもらう必要があります。戦略担当者を召集しましょう。マーケティング部や製品開発部の人間、ビジネス・インテリジェンスを備えた人間、顧客情報に詳しい人間、クリエイティブな人間、ユーザー体験を熟知した人間、テクノロジーに明るい人間などが候補になるでしょう。

こうしたメンバーを集めて、コンテンツストラテジー確認のミーティングを最低でも1年に2回は行うことをオススメします。戦略を確認し、コンテンツに関する業務を振り返ったら、少し間を置いてこう尋ねましょう。「何かビジネス環境に変化はありましたか？」と。

この変化によって、戦略がもはやビジネス目標やユーザーのニーズから離れてしまっていた場合、もう一度発見フェーズでの分析を行い、知識のギャップを埋め、戦略を修正する必要があります。

ビジネス環境がそこまで大きく変わっていない場合は、そのまま次にどんなコンテンツ関連業務を行うべきかの計画を練ります。まずは、次に実施するプロジェクトの候補リストを作る必要があります。そこまできちんとしたものでなくてかまいません。人はみな、いつも頭の中にアイデアを抱えています。コンテンツ・ブリーフを作ってもらうなどして、ミーティングの前にあらか

じめアイデアを教えてもらってもよいですし、計画ミーティングの場で披露してもらうのもよいでしょう。

アイデアが出たら、次はそのアイデアを評価します。Chapter11でも、同じようなエクササイズを行ったのを覚えていますか？　そこでは、コア戦略ステートメントと照らし合わせて、プロジェクトのリストにイエスかノーの判断を下しましたよね。ここではそれと同じエクササイズを、もう少し厳しい目で行います。

❶ **アイデアを出してもらう**
コア戦略ステートメントに照らし合わせて正しいと確信できるものだけを言ってもらうようにしましょう。

❷ **アイデアを全員が理解しているか確認する**
提案者以外の人間に、付箋などにアイデアを要約してもらうとよいでしょう。

❸ **全員でアイデアを評価する**
点数をつけるか、4分割のマトリクスを使ってカテゴリー分けをするのがお勧めです。ここではカテゴリー分けを採用したという想定で話を進めます。

❹ **マトリクスを描く**
下図のような4分割したマトリクスをボードに書く、またはスクリーンに表示します。

❺ **縦にビジネスへの影響／横にユーザーのニーズを取る**
縦軸にビジネスへの影響、横軸にユーザーのニーズとしアイデアを分類します。必要であれば、4つのカテゴリーに名前をつけましょう。それぞれの内容を口で説明するだけでもOKです。どこかで見た、という人も多いのではないでしょうか。Chapter13でこれとほぼ同じ優先順位付エクササイズに取り組みましたよね。

ステークホルダーに必要なだけ話し合いをしてもらいながら、アイデアを各カテゴリーに割り振っていきましょう。意見が割れるときは、それぞれの話に耳を傾け、さらなる

> ❗ **Hint**
> コンテンツの計画は、うまくやれば他の戦略作成プロセスの中に組み込むこともできます。その方が効率的ですし、ステークホルダーもミーティングの回数が減ってきっと喜ぶでしょう

話し合いを促し、妥協点を見つけましょう。終わったら、全員が分類に納得していることを確認してください。

❻ 左下のアイデアは無視する
ここに分類されたアイデアは破棄してしまってOKです。

❼ 縦に価値／横に労力を取る
今度は縦軸に「価値」、横軸に「労力」を取ったマトリクスを描きます。各カテゴリーの位置が、前の図とは少し変わっていることに注意してください。

❽ 優先度（高）を再分類
前の図で、ビジネスへの影響とユーザーのニーズが両方高かったアイデア（前図右上）を上半分に入れ、労力の大小に合わせて左右に割り振ります。

❾ 優先度（中）を細分類
ビジネスへの影響とユーザーのニーズのどちらかが低かったアイデア（前図左上と右下）を下半分に入れ、労力の大小に合わせて左右に割り振ります。

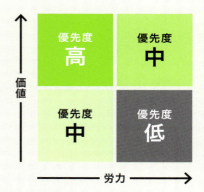

❿ 計画の予定を立てる
図が完成したら、予定表を引いて計画の日程を決めていきます。アイデアを予定表に当てはめ、想定されるメンテナンス作業を付箋に書いて、予定表のふさわしい場所に貼り、必要な作業が抜けていないかを確認します。

⓫ 予定表のアイデアに優先順位を付ける
予定表のアイデアに、下の順で優先順位を付けます。
1）高価値／少労力
2）高価値／多労力
3）低価値／少労力
4）低価値／多労力

3つ目を当てはめた時点で、予定表の枠はすべて埋まっていることでしょう。場合によっては、2つ目までで埋まってしまうこともあるかもしれません。残りは次の計画まで取っておきましょう。大変な作業はこれでおしまい。これで、どんなコンテンツに労力を注ぐべきかという共通認識ができました。あとは編集の計画を練って、予定どおりに計画を実行しましょう。

編集の計画

編集の計画は、コンテンツを正しいタイミングで、正しいオーディエンスに公開・共有するための活動です。ファッション誌の編集作業のようなものだと思ってください。ファッション誌では、刊行の時期や予想されるトレンド、タイムリーな話題などに基づいて、制作や掲載するコンテンツを決めます。今回も、それと似た作業に取り組みます。

このとき役に立つのが編集予定表です。これを用意するメリットは2つあります。1つ目は、コンテンツ制作者が、今後何を作り、公開する必要があるかをあらかじめ確認できるようになること。そして2つ目が、予定表を管理している人間が、ビジネスパートナーに「スケジュールの都合上、想定外の要請には対応できません」と言わざるをえないときの証拠として示せることです。

では、ここからはこの編集予定表を中心に話を進めましょう。コンテンツストラテジー、マーケティングプランなどの資料を用意しておくと、何を／いつ特集するかが決めやすくなります。

たとえば、あるコンテンツを特集すべく、それに合わせたメッセージをサイト全体に配置する予定を組むことになったとします。その際、最初に行うべきは、特集できる場所がどこかをまとめることです。私の場合は、シンプルなワイヤーフレームを使って、空きエリアのスペシフィケーション（仕様特定）をまとめます。 表15.3 に示すホームページの例では、濃い色の部分が、製品の宣伝などの掲載に使えるエリアです。

次に、予定表を作ります。すべての空きエリアを書き出し、そこへどんなコンテンツを、いつ投入するかを記入していきましょう。制作担当者や締切といった他の情報も加える必要があるかもしれません。ただ、予定表はすっきりした形を保ちたいので、こうした情報は別シートにまとめるのをオススメします。 表15.4 は編集予定表の例です。また TOOL 15.2 は、私たちがクライアントとの仕事で実際に使った編集予定表のテンプレートです。

表15.3 新コンテンツ投入予定表

表15.4 編集予定表

ホームページ		月			
位置	コンテンツ	第1週	第2週	第3週	第4週
ヒーロー	子どもの歯の健康に関する毎月のメッセージ	■	■	■	■
特集製品	子ども用歯ブラシ「ソニック・トゥースブラッシュ」の宣伝	■	■	■	■
特集ソート・キャピタル	動画「子どもに歯みがきの仕方を教えましょう」	■	■		
ブログ記事	「歯医者さんのいいところを子どもに教えよう」		■	■	
動画	「学校へ上がった子どもにはデンタルフロスを」			■	■
ブログ	「赤ちゃんに歯医者さんは必要?」				■

編集予定表テンプレート

⬇ Tool_15.2_Editorial_Calendar_Templates.xlsx

予定表のテンプレートです。自分に合った方を選び、カスタマイズしましょう。

- テンプレートを選ぶ前に、予定表を作る目的を考えましょう。どんな情報を記録し、伝えたいかによって、予定表の形は変わってきます
- 複数の計画を管理するには、複数の予定表が必要になるかもしれません。1枚ですべてを網羅できる編集予定表の作り方は、申し訳ありませんが、まだ考案できていません
- どちらのテンプレートも自分には合わない？　そんなときはインターネットに頼りましょう。Google Documentで手に入るテンプレート、あるいはネット上のさまざまなテンプレートをまとめたブログ記事が見つかるはずです

▶ Brain Traffic (www.braintraffic.com)

Content Strategy
TOOL 15.2

お別れのときです
Farewell, content comrade

いよいよ最後になりました。もうわかっていますよね。これは始まりにすぎません。私の願いは、あなたが何らかのハンドブックを見つけて、それを手引きに担当のプロジェクトを進め、次のプロジェクトの計画を練り、自信を持ってクライアントや上司にコンテンツ・ストラテジーを勧めてくれていることです。

そして、あなたが何度も何度も振り返って確認するその手引きが、本書とオンライン・ツール集であってくれれば、こんなにうれしいことはありません。それに、あなた自身が次の本を書いて、私たちコンテンツの同志の生き死にを左右する、必携ツールを編み出さないと誰が言えるでしょうか。それでは幸運を！

Index

A-Z

A/Bテスト	134
CMS	032
CTA	033
Drupal	077
IA	048
KPI	174

ア

アクセス解析	034, 037, 102, 113, 129, 176
アビー・コバート	177
アンケート	179
意思決定者	054
意思決定フロー	141
インサイト	103
インサイト記録シート	104, 113, 182
インタビュー	058, 098, 101, 117, 139, 142, 179
インタビューガイド	099
ウェブ・ライティング	222
影響者	054
エリア定義表	207
オーガナイゼーション	187

カ

カードソーティング	221
解釈質問	100
カスタマー・ジャーニー	132
キックオフ・セッション	064
競合相手	096
コア戦略ステートメント	164
コア戦略ステートメント作成シート	168
コア・モデル	197
コア・モデル・ワークショップシート	199
公開者	217
効果測定	182
校正者	217
コール・トゥ・アクション	033
顧客	094, 097
コスト	043
ゴミー現象	188
コンテンツ一覧表	120
コンテンツインベストリ	128
コンテンツオーディット	033, 036, 130, 182
コンテンツ概観表	123
コンテンツ・コンパス	161
コンテンツ制作インベントリ	220
コンテンツ成績報告書	183
コンテンツ生態系マップ	124
コンテンツ・デザイン	187
コンテンツ投入予定表	240
コンテンツの計画	236
コンテンツの生態系	120
コンテンツのメンテナンス	233

コンテンツのライフサイクル	228	ジョーゼフ・キャンベル	116
コンテンツマップ	131	所有者	216
コンテンツマネジメントシステム	032	資料リスト	102
コンテンツモデル	203	人材の問題	136
コンテンツモデル一覧表	206	人選	064
コンバージョン	033	進捗レポート	084
コンプライアンス	096	シンボルマークリスト	101
		スタイルガイド	221
サ		ステークホルダー	054
サイト・クローラー	129	ステークホルダー・リスト	057
サイトマップ	192	スペシフィケーション	188
作業時間割当調査シート	140	セールスファネル	131
サブセット型プロジェクト	163	セッション議事進行	071
サラ・ワクター・ボーチャー	084, 129	セッション基本ルール	070
賛同者	054	セッション合意形成	070
時間請求型プロジェクト	083	セッション招待メール	068
支出	095	セッション進行表	067
市場調査	106	専門家	055, 216
実行者	055	戦略担当者	055
執筆者	216	戦略目標サマリー	148
集団合意形成	070	戦略目標サマリー作成シート	154
集中管理モデル	214	ソートリーダーシップ	143
収入	094		
出典	103	**タ**	
詳細日程表	083	タイムライン	081
情報アーキテクチャ	048	タクソノミー	194
情報伝達プラン	061	ダグラス・W・ハバード	044

タスク表	219	フィードバック記入用紙	224
単純質問	100	プライオリタイゼーション	187
チャンス	039	プラン＆プロセス・ワークショップ	143
提供物	093	プランの問題	140
データセット・プレゼンテーション	176	プレゼン資料	049
トゥールミン	046	プレゼンテーション	188
トップ・タスク分析	189	フローチャート	145, 218
トピック	103	プロジェクト所有者	054
トレンド	097	プロジェクトチーム	079

ナ

ナビゲーションラベル	048	プロジェクトチャーター	076
ナンシー・ライオンズ	076	プロジェクト日程表	078

ハ

		プロジェクトの計画	081
		プロジェクトの実行	084
		プロジェクトの準備	074
		プロジェクトのタイプ	162
ハイブリッドモデル	214	プロジェクト・マネージャー	074
反芻質問	100	プロジェクト・マネジメント・プラン	076
反対者	054	プロジェクト予算	078
ヒーローズ・ジャーニー	116	プロセスの問題	140
非金銭型プロジェクト	083	プロパティ型プロジェクト	163
ビジネス視点	042	分散管理モデル	214
ビジネスの外部要因	093	ページ構成要素表	209
ビジネスの内部要因	093	ベストプラクティス・レビュー	177
ビジネス・モデル・キャンバス	092	編集者	215
ヒューリスティック評価	177	編集の計画	239
ヒューリスティック・フレームワークシート	177	編集予定表	241
ファンクション型プロジェクト	162	ボイス＆トーン	033

ボイス＆トーン アルゴリズム ……… 223
法務 ……… 096

マ

マイクロサイト ……… 136
ミーガン・ウィルカー ……… 076
メタ・デスクリプション ……… 033
メッセージ・フレームワーク ……… 169
メッセージ・フレームワーク作成シート ……… 169
メトリクス ……… 174
メトリクス一覧表 ……… 181

ヤ

ユーザー・インタビュー ……… 117, 179
ユーザー・サーベイ ……… 179
ユーザー代理 ……… 055
ユーザー調査 ……… 107, 110, 116
ユーザー調査ワークショップ ……… 114
ユーザーテスト ……… 034, 037, 133
ユーザーテスト・サンプル ……… 134
ユーザーの懸念 ……… 107
ユーザーの姿勢と考え方 ……… 107
ユーザーの体験 ……… 108
ユーザーの動機 ……… 108
ユーザーの振る舞い ……… 108
ユーザー・フィードバック ……… 179
ユーザー理解表 ……… 109, 110

用語集 ……… 077

ラ

リスク ……… 044
リスク容認度／自信レベル表 ……… 111
料金固定型プロジェクト ……… 083
レビュアー ……… 217
論証モデル ……… 046

ワ

ワーキングセッション ……… 059
ワークショップ ……… 059
ワークフロー ……… 142
ワイヤーフレーム ……… 206

TOOL Index

Chapter 01
- TOOL 01.1　コンテンツオーディットシート ……… 034
- TOOL 01.2　超シンプルなユーザーテスト・シート ……… 035

Chapter 02
- TOOL 02.1　プロジェクト承認申請のためのプレゼン資料 ……… 049

Chapter 03
- TOOL 03.1　ステークホルダー・リスト ……… 057
- TOOL 03.2　情報伝達プラン ……… 061

Chapter 04
- TOOL 04.1　目標共有セッションの進行表 ……… 067
- TOOL 04.2　キックオフ・ミーティング招待メール ……… 068

Chapter 05
- TOOL 05.1　プロジェクト準備のチェックリスト ……… 074
- TOOL 05.2　プロジェクト・マネジメント・プラン ……… 076
- TOOL 05.3　詳細日程表 ……… 083

Chapter 06
- TOOL 06.1　ビジネスモデル・キャンバス ……… 093
- TOOL 06.2　インタビューガイド ……… 099
- TOOL 06.2　インサイト記録シート ……… 104

Chapter 07
- TOOL 07.1　ユーザー理解表 ……… 110
- TOOL 07.2　ユーザー調査ワークショップ ……… 115

Chapter 08
- TOOL 08.1　コンテンツ概観表 ……… 123
- TOOL 08.2　ユーザーテスト・サンプル ……… 134

Chapter	Tool	タイトル	ページ
Chapter 09	TOOL 09.1	作業時間割当調査ワークシート	140
	TOOL 09.2	プラン＆プロセス・ワークショップ	143
Chapter 10	TOOL 10.1	戦略目標サマリー作成シート	154
Chapter 11	TOOL 11.1	コア戦略ステートメント作成シート	168
	TOOL 11.2	メッセージ・フレームワーク作成シート	172
Chapter 12	TOOL 12.1	データセット・プレゼンテーション	176
	TOOL 12.2	ヒューリスティック・フレームワークシート	177
	TOOL 12.3	コンテンツ成績報告書サンプル	183
Chapter 13	TOOL 13.1	コンテンツの優先順位付けワークシート	190
	TOOL 13.2	コア・モデル・ワークショップシート	198
	TOOL 13.3	コンテンツモデル一覧表	205
	TOOL 13.4	エリア定義表＆ページ構成要素表	209
Chapter 14	TOOL 14.1	役割と担当者リスト	215
	TOOL 14.2	カードソーティング・エクササイズ	222
Chapter 15	TOOL 15.1	コンテンツストラテジーのスキル一覧	231
	TOOL 15.2	編集予定表テンプレート	241

今すぐ現場で使える
コンテンツ ストラテジー
ビジネスを成功に導く Web コンテンツ制作
フレームワーク＋ツールキット

2016年4月21日　　初版第1刷発行

著者	ミーガン・キャシー［Meghan Casey］
日本語版監修・序文	長谷川 敦士（Concent, Inc.）
翻訳	高崎拓哉
翻訳協力	トランネット
版権コーディネート	イングリッシュ・エージェンシー
日本語版デザイン	山浦隆史（Concent, Inc.）
日本語版カバーイラスト	どいせな
日本語版編集	荻野史暁

発行人　　　　　籔内康一
発行所　　　　　株式会社ビー・エヌ・エヌ新社
　　　　　　　　〒150-0022 東京都渋谷区恵比寿南一丁目20番6号
　　　　　　　　FAX: 03-5725-1511　E-mail: info@bnn.co.jp
　　　　　　　　www.bnn.co.jp

印刷・製本　　　日経印刷株式会社

ISBN 978-4-8025-1008-0
Printed in Japan

Copyright ©2015 Brain Traffic, Inc. and Meghan Casey
Translation ©2016 BNN, Inc.

○ 本書の一部または全部について個人で使用するほかは、著作権上、株式会社ビー・エヌ・エヌ新社および
　著作権者の承諾を得ずに無断で複写・複製することは禁じられております。
○ 本書の内容に関するお問い合わせは弊社Webサイトから、またはお名前とご連絡先を明記のうえE-mailにてご連絡ください。
○ 乱丁本・落丁本はお取り替えいたします。
○ 定価はカバーに記載されております。